生物质与煤复合串行气化过程的机理研究

向夏楠 ◎ 著

STUDY ON MECHANISM OF SERIAL

COMPOSITE PROCESS FOR BIOMASS AND

COAL CO-GASIFICATION

北京理工大学出版社
BEIJING INSTITUTE OF TECHNOLOGY PRESS

内 容 简 介

本书对生物质与煤复合串行气化过程进行了机理研究，主要从热力学和动力学两方面入手。热力学模型对模拟结果预测精度较高且消耗较少计算资源，适用于工程应用领域；而动力学模型则能对气化过程进行预测，但消耗较多计算资源，更适合应用于气化机理的研究、气化工艺的设计领域。本书适合从事气化领域工作的工程技术人员使用，也可为从事该领域研究的科研人员提供参考。

图书在版编目(CIP)数据

生物质与煤复合串行气化过程的机理研究／向夏楠
著. -- 北京：北京理工大学出版社，2021.11
ISBN 978-7-5763-0702-3

Ⅰ.①生… Ⅱ.①向… Ⅲ.①煤气化-研究 Ⅳ.
①TQ54

中国版本图书馆 CIP 数据核字(2021)第 235643 号

出版发行／北京理工大学出版社有限责任公司
社　　址／北京市海淀区中关村南大街 5 号
邮　　编／100081
电　　话／(010) 68914775（总编室）
　　　　　　(010) 82562903（教材售后服务热线）
　　　　　　(010) 68944723（其他图书服务热线）
网　　址／http：//www.bitpress.com.cn
经　　销／全国各地新华书店
印　　刷／保定市中画美凯印刷有限公司
开　　本／710 毫米 × 1000 毫米　1/16
印　　张／9　　　　　　　　　　　　责任编辑／封　雪
字　　数／157 千字　　　　　　　　　文案编辑／毛慧佳
版　　次／2021 年 11 月第 1 版　2021 年 11 月第 1 次印刷　责任校对／刘亚男
定　　价／58.00 元　　　　　　　　　责任印制／李志强

图书出现印装质量问题，请拨打售后服务热线，本社负责调换

前　言

　　生物质能是可再生能源领域中资源量最大且零碳排放的一种能源，但目前，生物质能的利用情况并不理想，由于技术经济原因，目前仍有大量生物质被露天焚烧。这种处理方式带来了严重的大气污染，研究表明生物质焚烧是产生雾霾现象的一个重要因素。研究清洁、高效、可持续利用的生物质能，在解决能源危机和改善环境等诸多方面都具有重要意义。

　　本书提出了一种新的生物质气化方法：生物质与煤复合串行气化，旨在高效、经济地利用生物质能。该气化方法以流化床为气化炉，间歇运行分为燃烧加热阶段和通水蒸气气化阶段。两个阶段组成一个完整的循环制气过程。该气化方法能解决目前常用的生物质流化床气化工艺中出现的许多问题，比如，运行的稳定性问题、焦油问题、产气品质问题等，为生物质能的利用提供了一个新途径。

　　本书针对生物质与煤复合串行气化过程，建立了热力学平衡模型和基于反应动力学、流体动力学、传质理论并结合实测数据的综合数学模型，通过模拟结果与试验结果比较，验证了模型的准确性。

　　本书提出了煤气化区与生物气化区的双区温度关联式，并建立了生物质与煤复合串行气化过程的热力学平衡模型。将双区温度关联式应用到热力学平衡模型中，可显著提高模型模拟精确度。该模型研究了气化温度、生物质与煤之比和水蒸气与焦炭之比等气化操作参数对气化产物的组成及产量的影响，并从能量利用率和碳转化率最大化等角度初步探讨气化操作参数的最优化条件。由于热力学平衡模型对模拟结果预测精度较高且消耗较少计算资源，因此适用于工程应用领域。

另外，本书还建立了生物质与煤复合串行气化过程的综合数学模型，在该模型中考虑了炉内气固物质的流动特性，将气化炉分为燃烧子模型和气化子模型，这两个子模型分别被划分成密相区和稀相区进行模拟。其中，气化子模型中密相区又分为煤气化子模型和生物质气化子模型。密相区采用三相鼓泡床理论，把密相区分为气泡相、气泡云相和乳化相，分别考虑了气体固体在各相之间的质量交换问题。稀相区则采用 Wen – Chen 的扬析夹带模型结合环 – 核模型进行模拟，同样也考虑了气固流动问题。热解模型采用得到广泛应用的 Merrick 模型进行计算。气化炉内的温度采用本书提出的多区温度模型进行计算，该模型中包括了多个基于实测参数的不同反应区间的温度关联式。燃烧反应模型和气化反应模型是利用各均相反应和非均相反应的化学反应动力方程而建立的，其中，最关键的焦炭气化过程采用的是 JM 模型。最后，再综合上述模型建立质量平衡子模型、能量平衡子模型完成整个数学模型的建立。求解该模型可以得到在任意气化炉运行参数下气化炉内的状态数据，包括在不同气化时间和不同气化炉高度处的各物质组分。气化炉主要调节的参数为气化温度、S/B 和 B/C。该模型可以分析这几种参数对气化炉内部流化状态、气化反应产生的影响，不但能为气化炉的运行提供参考，还能对气化炉的设计及优化起到指导作用。相对于热力学平衡模型，综合数学模型需要消耗更多计算资源，因此其更适合应用于科研、气化工艺设计领域。

本书是作者在湖南大学攻读博士学位期间所做工作的重要成果。在此，特别要感谢的是导师龚光彩教授。龚老师渊博的学识、严谨的治学态度、精益求精的工作作风以及在学术方面所具有的前瞻性眼光，深深地影响和激励了作者。龚老师每次都是站在一位科学家的角度上探讨学术问题。每次碰到难题后与龚老师讨论，总能有一种豁然开朗的感觉，特别是在本书撰写期间，龚老师给予了耐心的指导与鼓励，帮助理顺了内容结构和逻辑问题，体现了科学严谨的态度。在此，谨向龚老师致以最崇高的敬意和最真诚的感谢。

博士师兄王晨光、陈曦，师弟梅雄，研究生王晨华、沈宇航给作者提供了无私的帮助，在此表示衷心的感谢。

由于本领域的研究涉及知识面很广，而作者的知识和经验有限，因此书中难免存在错误和不妥之处，恳请读者批评指正。

作　者

目　录

第1章　绪论 ……………………………………………………… 001

　1.1　生物质能利用现状 ……………………………………… 002

　1.2　生物质气化工艺介绍 …………………………………… 007

　　1.2.1　固定床气化 ……………………………………… 007

　　1.2.2　流化床气化 ……………………………………… 009

　1.3　生物质流化床气化模型的研究进展 …………………… 013

　　1.3.1　国内外热力学平衡模型的研究进展 …………… 013

　　1.3.2　国内外动力学模型的研究进展 ………………… 015

　1.4　本书的工作 ……………………………………………… 017

　　1.4.1　研究内容 ………………………………………… 018

　　1.4.2　创新点 …………………………………………… 019

　　1.4.3　本书结构 ………………………………………… 020

第2章　生物质与煤复合串行气化过程热力学平衡模型 …… 021

　2.1　生物质与煤复合串行气化方法简介 …………………… 022

　2.2　热力学平衡模型描述 …………………………………… 024

　　2.2.1　煤的热解模型 …………………………………… 025

　　2.2.2　煤的燃烧模型 …………………………………… 026

　　2.2.3　焦炭气化模型 ·· 027

　　2.2.4　生物质气化模型 ·· 029

　　2.2.5　煤气化区与生物质气化区的双区温度关联式 ······· 030

　　2.2.6　能量平衡 ·· 032

　　2.2.7　气化效率 ·· 034

　2.3　热力学平衡模型的模结构 ····································· 035

第3章　生物质与煤复合串行气化过程热力学平衡模型分析 ······· 037

　3.1　模型验证 ··· 038

　3.2　反应温度对气化结果的影响 ·································· 041

　3.3　S/C 对气化结果的影响 ·· 049

　3.4　B/C 对气化结果的影响 ·· 053

　3.5　最佳操作条件 ·· 059

第4章　生物质与煤复合串行气化过程综合数学模型 ············· 061

　4.1　综合数学模型描述 ··· 062

　4.2　流动子模型 ·· 063

　　4.2.1　密相区内的流动子模型 ································· 063

　　4.2.2　稀相区内的流动子模型 ································· 073

　4.3　热解子模型 ·· 076

　4.4　燃烧子模型 ·· 078

　4.5　气化子模型 ·· 080

　4.6　多区温度模型 ·· 084

　　4.6.1　密相区内的传热模型 ···································· 086

　　4.6.2　稀相区内的传热模型 ···································· 087

　　4.6.3　多区温度模型 ·· 090

　4.7　质量平衡模型 ·· 091

　　4.7.1　密相区内气相质量平衡模型 ··························· 092

　　4.7.2　密相区内固相质量平衡模型 ··························· 096

　　4.7.3　稀相区内气相质量平衡模型 ··························· 098

　　4.7.4　稀相区内固相质量平衡模型 ··························· 098

　4.8　能量平衡模型 ·· 099

　4.9　综合数学模型结构 ··· 100

第 5 章　生物质与煤复合串行气化过程综合数学模型分析 ················· 103

　5.1　模型验证 ·· 104

　5.2　温度对气化结果的影响 ························· 106

　5.3　S/B 对气化结果的影响 ························· 110

　5.4　B/C 对气化结果的影响 ························· 113

　5.5　最优参数 ·· 116

第 6 章　结论与展望 ·································· 119

　6.1　主要研究内容以及结论 ························· 120

　6.2　创新点 ·· 123

　6.3　工作展望 ··· 123

参考文献 ··· 131

第 1 章

绪　论

|1.1 生物质能利用现状|

自改革开放以来，中国已成为世界上规模最大、发展最快的新兴经济体之一。根据中国统计年鉴 2017 的数据显示，国内生产总值（GDP）增长率每年接近 10%，2016 年，国内生产总值已经达 74.41 万亿元。与此同时，中国的能源消耗总量在数量和增长率方面也有所增长。图 1.1 所示为 1990—2016 年中国 GDP 和能源消耗总量之间的关系。从图中可以清楚地看到，GDP 强劲而持续地增长，能源消耗总量也保持持续增长。能源消耗总量的增长带来的负面影响十分突出，图 1.2 所示为 1990—2016 年中国能源消耗总量和 CO_2 排放量之间的变化情况，随着能源消耗总量的增加，CO_2 的排放量也屡创新高。截至 2016 年，中国每年的 CO_2 排放量达到了 102.5 亿吨标准煤。众所周知，CO_2 是温室气体，是导致全球变暖的重要因素之一，而产生二氧化碳的主要原因在于人类对化石能源的过度依赖。图 1.3 所示为我国各主要能源消耗的占比，其中，煤、石油和天然气仍是目前最主要的能源。据 2016 年数据显示，以上三种能源的消耗占能源消耗总量的 86.7%。其他能源主要包括核能、风能、水能、太阳能、生物质能，总共占比只有 13.3%，这部分能源的消耗过程是不产生 CO_2 的。值得肯定的是，近年来，煤、石油和天然气等化石能源占能源消耗总量的比重是持续下降的，其他能源在能源消耗总量中扮演了越来越重要的角色。

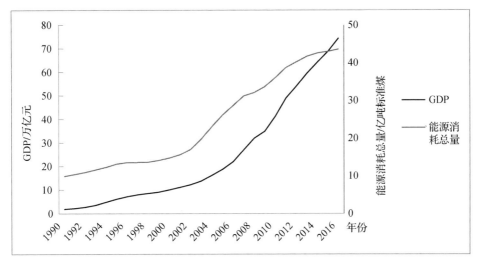

图 1.1　1990—2016 年中国 GDP 和能源消耗总量之间的关系

　　化石能源的总量有限，且难以在短期内再生，核能存在一定的安全风险，生物质能将成为未来能源发展的主要趋势。

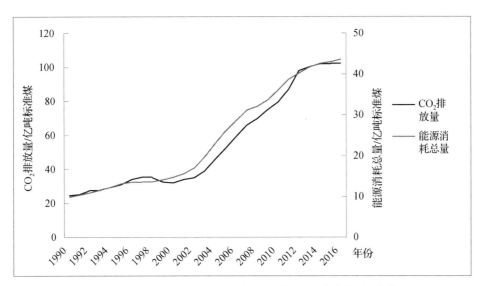

图 1.2　1990—2016 年中国能源消耗总量与 CO_2 排放量之间的关系

　　通过光合作用形成的有机体称为生物质。微生物和动植物都属于生物质。生物质能是一种只依靠太阳能就能源源不断产生的能源，由于其可再生、产量大，因此一直是人类长期使用的一种重要能源。

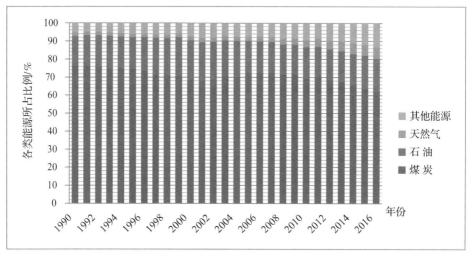

图 1.3 1990—2016 年中国各主要能源消耗占比

根据国际能源机构（IEA）的统计，2015 年，世界一次能源供应总量（TPES）为 13 647 百万吨油当量（Mtoe），其中，由可再生能源提供的约为 13.4%，即 1823 Mtoe，较 2014 年的 1784 Mtoe 有一定的增长。图 1.4 所示为 2015 年全球可再生能源供应的占比情况，从图中可以发现，固态生物燃料是占比最大的可再生能源，占全球可再生能源供应的 63.7%，这主要是因为其在发展中国家的广泛非商业用途（即住宅供暖和烹饪），第二大来源是水力发电，占世界 TPES 的 2.5% 或可再生能源供应的 18.3%。地热能、液态生物燃料、气态生物燃料、太阳能和风能等各占较小份额，构成了可再生能源供应的其余部分。

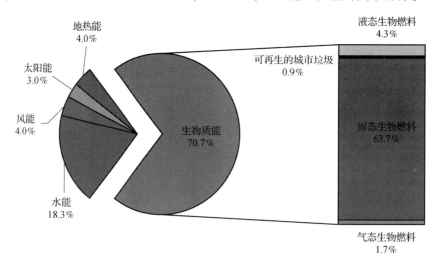

图 1.4 2015 年全球可再生能源供应的占比情况

在这些能源中，属于生物质能范围的包括固态、液态、气态生物燃料和可再生的城市垃圾，其总量约占可再生能源供应量的 70.7%，所以生物质能是可再生能源领域中资源量最大且零碳排放的一种能源，但是目前生物质的利用情况并不理想，由于技术经济原因，目前仍有大量生物质被露天焚烧，这种处理方式带来了严重的大气污染，研究表明生物质焚烧是产生雾霾的一个重要因素。研究如何清洁、高效、可持续地利用生物质能在解决能源危机、改善环境等诸多方面都具有重要的意义。

直接燃烧技术、热化学转化技术、生物化学转化技术是目前国内外主流的生物质利用技术。生物质能转化的技术路线如图 1.5 所示。

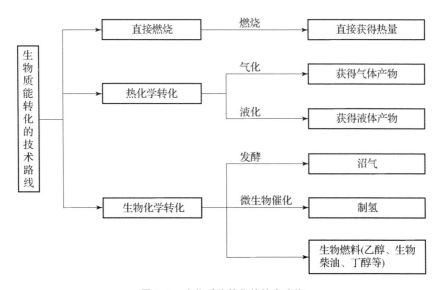

图 1.5　生物质能转化的技术路线

1. 直接燃烧

自古以来最常见的生物质能利用方式就是直接燃烧。目前，在我国仍有部分农村家庭采用生物质直接燃烧来取暖做饭，但是这种利用方式的热效率极低，是对资源的极大浪费。近年来兴起的生物质发电、供暖、热电联产应用的也是生物质直接燃烧技术，但已大大提高了资源的利用率。比如湖南省，有大量的竹木资源，不少地区都有生物质能发电厂利用其加工后的废弃物进行发电。利用生物质直接燃烧发电的技术已经十分成熟。目前，最新的研究表明，在生物质中掺混煤后燃烧发电是最经济的技术，但不管使用哪种技术，直接燃烧所带来的二次污染问题一直没有得到很好的解决。这是阻碍生物质直接燃烧技术发展的重要因素。

2. 热化学转化技术

生物质热化学转化技术主要分为生物质气化和生物质液化两种。

1）生物质气化技术

生物质气化技术是指将生物质置于高温环境中，通过发生热裂解和氧化还原反应将其转化为可燃气的过程。生物质气化技术适合用于转化木屑、稻壳、秸秆、甘蔗渣等硬质生物质原料。通过与生物质厌氧发酵技术所需要的原料相比可以发现，生物质气化技术与生物质厌氧发酵技术在原料适应性方面有明显差异，不适合厌氧发酵的生物质原材料却适合作为生物质气化的原材料。

生物质气化炉是用来气化生物质的设备，生物质在生物质气化炉中由固态转变为气态燃料。生物质气化炉主要分为固定床气化炉和流化床气化炉两大类，它是生物质气化系统的关键设备。固定床气化炉主要包括上吸式、下吸式两种结构。流化床气化炉主要包括鼓泡床、循环流化床、双床流化床和气流床气化炉。本书研究的生物质与煤复合串行气化过程就是基于流化床气化炉开发出的一种新气化方法。

2）生物质液化技术

热化学转换方法中的生物质液化是指在无氧或低氧环境下，生物质被加热升温，其内部分子分解产生焦炭、燃料液体和可燃气体的过程。生物质液化是生物质能的一种重要利用形式，依据液化工艺中升温的速率以及最终达到的液化温度，可以把生物质液化工艺分为慢速裂解、常规裂解、快速裂解、高压液化等几种不同的方式。其中，慢速裂解的升温速率最低，最终液化温度也是最低的，约为 400 ℃，由于液化温度低，所以整个液化过程时间较长。常规裂解的升温速率较慢速裂解高，为 10 ~ 100 ℃/min，最终液化温度也较慢速裂解高，约为 500 ℃，其在反应器内的裂解停留时间可以缩短至 0.5 ~ 5 s。而快速裂解则拥有很高的升温速率，可以达到 10^3 ~ 10^4℃/s，这也使得其裂解停留时间非常短，只需 0.5 ~ 1 s 即可完成反应。另外，其最终液化温度大约为 500 ℃。前述几种液化方式都是常压下进行的，而高压液化则是在 10 MPa 的压力环境下进行液化，液化温度为 250 ~ 400 ℃，停留时间相对较长，需要 20 min ~ 2 h。

慢速裂解又称为生物质的碳化，因为其能得到 35% 的焦炭产率；快速裂解的产物则以液体产物为主，很少有焦炭的成分，液体产量可达 70% ~ 80%；高压液化过程需要添加催化剂，其液体产物不但品质好，热值高，而且还能通过不同的溶剂萃取后分离出燃油或者其他化学产品。

3. 生物化学转化技术

生物化学转化技术主要是利用微生物对生物质进行发酵后得到各自产物的

技术。这些产物包括沼气、生物制氢和生物燃料。

1）沼气

沼气是各种有机物质（包括农业废弃物如秸秆，人、畜、禽粪便等）在还原条件下（隔绝空气），并在合适的温度、pH 值下，经过微生物发酵作用产生的可燃烧气体，其主要成分是甲烷。沼气的用途十分广泛，除了能直接燃烧用于炊事外，纯度较高的沼气还能作为内燃机的燃料进行发电或驱动车辆行驶，所以研发纯化技术是目前沼气研究的重点领域。另外，随着沼气用途和用量的不断扩大，研究沼气发酵规模的大型化、厌氧菌种的诱变和筛选也变得越来越重要。

2）生物制氢

沼气中的氢含量极低，若需提升所产气体中的氢含量，则可通过微生物催化脱氢方法制氢实现，该方法称为生物制氢。目前该领域应用最广的是发酵细菌产氢技术。该技术对环境条件要求较低同时也有较高的产氢速率，而最具前景的技术是光合细菌产氢技术，其产氢速率高于发酵细菌，且产氢浓度高，对太阳光谱的适应范围广。基于以上原因，光合细菌产氢技术目前已成为生物制氢领域研究的重点。

3）生物燃料

由生物质用生物化学转换方法制成的液体燃料称为生物燃料。生物燃料主要包括燃料乙醇、生物柴油和航空生物燃料等，它可以替代由石油制取的汽油和柴油，是可再生能源开发利用的重要方向。生物燃料技术目前已较成熟，国内外都有商用，如巴西已大量使用生物柴油取代常见的化石能源。另外，我国也有部分省市设立有加生物柴油的加油站，但是由于目前生物燃料的原材料以玉米等粮食为主，对于我国这样拥有 14 亿人口的大国而言，粮食安全问题不可忽视，因此仅有限利用生物燃料，利用非粮作物生产生物燃料是该领域的重要研究方向。

|1.2　生物质气化工艺介绍|

1.2.1　固定床气化

固定床气化炉是目前气化技术中应用最广的一种炉型，相对于流化床而言，其物料在炉内处于静止状态，这种炉型运行稳定，可制成大型设备进行工业化应用，也可制成小型炉作为户用炉，这是流化床气化炉不能实现的，在固定床气化炉中，依据气流运动方向可以分为上吸式固定床气化炉和下吸式固定床气化炉。

1. 上吸式固定床气化炉

固定床气化炉的工作原理如图1.6所示。

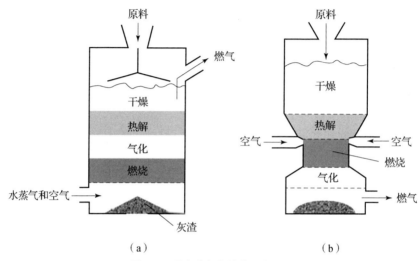

图1.6　固定床气化炉的工作原理

（a）上吸式气化炉的工作原理；（b）下吸式气化炉的工作原理

图1.6（a）所示为上吸式气化炉的工作原理。上吸式气化炉中发生气化反应所需的热量来源于原料与空气在燃烧阶段发生的氧化反应，在产生 CO 和 CO_2 的同时，释放出大量热量，使燃烧区的温度升至 1 000 ℃以上。O_2 在燃烧区域被消耗后产生 CO 和 CO_2 并向上流动进入气化区，CO_2 在此与碳和水蒸气发生还原反应产生 CO 和 H_2。由于气化反应是强吸热反应，所以在气化区反应温度会降到700~900 ℃的温度区间，反应产生的气体继续向上运动，它所携带的热量将传递给热解区域，促进热解反应的发生，热解反应所产生的 CO 和 H_2 继续向上运动进入干燥区对原料进行干燥，而固体热解产物为焦炭，它将进入气化区进行气化反应。把原料干燥后的气体温度下降到200~300 ℃的温度区间，同时，也将原料中的水分带出反应器。

上吸式气化炉的优点体现在以下几个方面：①操作简便，这主要跟气化炉本身结构较为简单有关。②运行能耗低，由于气化过程中产生的燃气顺着热流的方向流动，因此可以节省用在鼓风方面的能量消耗。③燃气灰分含量少，一方面是因为燃气在流出气化炉前经过了各个料层的过滤作用，而更为主要的原因是燃气没有流经灰渣层。④热效率较高。一方面，是因为燃烧区位于气化炉的最下层，从而有较为充足的氧气供应以保障炭的充分燃烧；另一方面，由于气化区产生的高温燃气所携带的热量在经过热解区和干燥区时被利用，所以燃气的出口温度较低，在300 ℃以下，从而降低燃气带出热量产生的热损失。此外，由于炉栅被空气冷却，减少了热疲劳，所以工作比较可靠。

上吸式气化炉存在的一个最为突出的问题是燃气中焦油含量高，这主要是由于热解产物直接进入燃气造成的，而由于焦油的净化问题一直是生物质气化技术的一个难点，且一直没有得到很好的解决，所以限制该炉型的应用。

2. 下吸式固定床气化炉

图1.6（b）所示是下吸式固定床气化炉的工作原理。下吸式固定床气化炉中原料从上部的加料口进入，在重力的作用下逐渐下移。首先在上部的干燥区内脱水干燥，在此区域的温度约为300 ℃。随着热解区、燃烧区和气化区内原料的消耗，干燥区的原料会进入温度较高的热解区，此区域的温度约为500 ~ 700 ℃。在此发生热解释放挥发分和焦炭，这些产物随后下移到燃烧区，助燃剂（空气）也在此进入，一部分焦炭和挥发分发生燃烧，产生大量的热量提供给气化区进行气化反应，燃烧区的温度约为1 000 ~ 1 200 ℃，未烧净的碳则进入气化区发生气化反应生成CO和H_2等可燃气体。

对于下吸式气化炉而言，喉部设计是其重点，一般用孔板或缩径来形成喉部。喉部的工作原理是由喷嘴进入喉部的气化剂与热解区产生的炭发生燃烧反应，在喷嘴附近形成燃烧区，而在离喷嘴稍远的区域，即喉部的下部和中心，由于氧气已经在燃烧区被消耗尽，炽热的炭和热解区产生的挥发分在此部位进行气化反应，产生CO和H_2等可燃气体，同时，部分焦油也在喉部的燃烧区和气化区发生裂解反应，生产小分子可燃气体。

下吸式气化炉的优点主要体现在三个方面：①燃气中焦油含量低，主要是焦油产生的来源，即热解产生的挥发分在燃烧区和气化区进一步裂解转变成小分子气体的结果；②工作稳定，由于其反应层高度几乎不变，因此工作稳定性好；③操作方便，气化炉可以在微负压条件运行，从而便于连续进料。

下吸式气化炉的不足之处在于：①由于燃气流动方向和热气流方向相反，所以使燃气吸出时消耗的能量较多；②由于燃气最后经灰渣层和灰室吸出，导致燃气中灰分含量高，而灰分和焦油混在一起黏结在输气管壁和阀门等部位易引起堵塞；③燃气出口温度较高，引起的能量损失增加。

1.2.2 流化床气化

原料在流化床气化炉内气化时，气化剂从气化炉的底部吹入，通过控制气流流速使得原料颗粒全部悬浮于炉内，床层的这种状态称为流化床。由于在这种状态下原料颗粒像流体一样处于悬浮状态，所以流化床也称为沸腾床。在流化床气化炉内常采用惰性介质作为流化介质来增强传热效果，采用石灰作为催化剂促进气化反应。目前，主流的流化床气化炉主要有鼓泡床气化炉、循环流化床气化炉、双流化床气化炉和气流床气化炉。图 1.7 所示为各种流化床气化炉的工作原理。对于不同的炉型，气固的速度差也不尽相同。

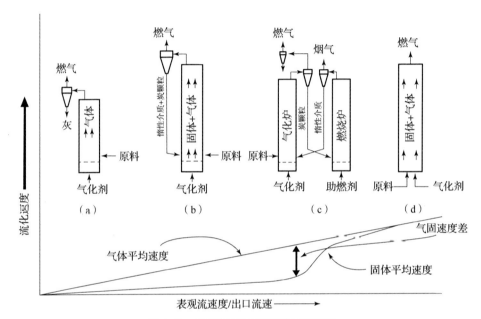

图 1.7　各种流化床气化炉的工作原理

（a）鼓泡床气化炉；（b）循环流化床气化炉；（c）双流化床气化炉；（d）气流床气化炉

1. 鼓泡床气化炉

鼓泡床气化炉是最常见的流化床气化炉，其结构形式简单，炉底设置布风板，助燃剂和气化剂从此处均匀进入炉内，与通入炉内的原料发生气化反应，最终生成燃气。气化炉内气化剂的上升流速为 1 ~ 3 m/s。燃气中焦油含量较低，一般小于 3 g/Nm³。生成的燃气直接由气化炉出口送入净化系统中。鼓泡床的炉温可通过调节气化剂的比消耗量控制为 700 ~ 900 ℃。图 1.7（a）为鼓泡床气化炉系统结构与工作原理。

鼓泡床气化炉流化速度相对较慢，适用于气化颗粒较大的生物质原料，而且一般情况下必须增加流化介质。

2. 循环流化床气化炉

与鼓泡床气化炉相比，循环流化床气化炉的流化速度高，气化剂的上升流速为 5 ~ 10 m/s，从而使从气化炉出来的燃气携带大量的固体颗粒。这些颗粒包含大量未完全反应的炭粒，通过设置在气化炉出口处的旋风分离器将这些颗粒从燃气中分离出来，并重新送入气化炉内，继续参与气化反应。循环流化床气化炉系统结构与工作原理如图 1.7（b）所示。循环流化床气化炉的反应温度一般也控制在 700~900 ℃。

气化过程中流化速度通过所供空气量调节和保持。一般生物质气化所需空气量仅为其完全燃烧所需空气量的 20%~30%，所以为了保持较高的流化速度，一方面，可以减少气化炉的相对截面积；另一方面，可以减小生物质颗粒的直径，因此，循环流化床气化炉适合气化小颗粒的生物质原料。在大部分情况下，可以不需要加流化介质，所以运行最简单。循环流化床的不足在于燃气中焦油和固体颗粒的含量易偏高，存在沙子等流化介质对流化床壁面等部位的磨损，以及燃气的显热损失大等问题。循环流化床气化炉是目前在商业化中应用最广泛的气化炉。

3. 双流化床气化炉

双流化床气化炉的工作原理如图 1.7（c）所示，由气化炉和燃烧炉两部分组成。原料首先进入气化炉，产生出焦炭和燃气，燃气与焦炭分离后焦炭被送入燃烧炉中进行燃烧反应，通过燃烧反应生成的热量来加热床中的热载体，热载体被加热到一定温度后送入气化炉中为气化反应提供能量。气化炉中的气化剂为水蒸气，其炉内温度为 800~850 ℃，燃烧床用空气为助燃剂，炉内温度为 900~950 ℃。

双流化床中分别设计燃烧炉和气化炉的方案很好地解决了所产气体品质的问题，不会出现氮气等无用气体掺混进入可燃气的现象，但是由于采用了由热载体携带热量进入气化炉的方案，导致气化炉温度不高，而气化反应的温度则与所产气体的热值以及气体的产量直接相关，所以相较于其他气化方案，这是其不足之处。另外，气化炉中焦炭要循环至燃烧炉中，燃烧炉中的热载体要循环至气化炉中，由于这两个过程要达到热平衡的稳定状态十分困难，因此实际中气化炉和燃烧炉中的温度有一定波动，所以系统的稳定性也是气体产物品质控制的难点所在，双流化床技术在这个方面仍需要进一步研究和实践。

4. 气流床气化炉

气流床气化炉也是流化床气化炉的一种，但其形式较特殊，其工作原理如图 1.7（d）所示。该炉采用较高的气流速度让气化剂吹动原材料达到气力输送的状态。该炉的特点是其气化过程是在高温下完成的，运行温度可高达 1 100 ℃以上，因此所产燃气焦油含量低，碳转化率非常高，可接近 100%。但由于运行温度高，气化炉容易出现烧结现象，所以气化炉炉体材料较难选择。

上述不同类型的生物质气化炉各有特点，可根据气化原料，气化系统规模，生物质燃气用途等不同要求加以选择。各种生物质气化炉的优缺点比较见表 1.1。

表 1.1　各种生物质气化炉的优缺点比较

气化炉类型	优点	缺点
上吸式固定床气化炉	工艺简单，成本低； 产气出口温度低； 碳转化率高； 燃气中灰分含量低； 气化炉热效率高	焦油产量高； 炉内物料易产生沟流、架桥现象； 要求原料颗粒度低； 会产生结渣现象
下吸式固定床气化炉	工艺简单； 燃气焦油含量低	要求原料颗粒度低； 对原料的灰分含量有限制； 存在功率限制； 炉内物料易产生架桥现象
鼓泡床气化炉	对原料成分要求较低； 可以加压气化； 燃气中甲烷含量较高； 气化炉容积负荷较高； 温度易控制	操作温度受原料灰分熔点限制； 燃气出口温度较高； 燃气中焦油含量较高； 固体不完全气化损失较高； 所产气体热值较低
循环流化床气化炉	操作灵活； 操作温度可高达 900 ℃	存在腐蚀和磨损问题； 气化生物质时可操控性差； 所产气体热值较低
双流化床气化炉	所产燃气热值较高； 不需要制氧机等附加设备	床层温度较低，导致焦油产量较高； 加压气化条件下控制困难
气流床气化炉	燃气焦油和二氧化碳含量非常低； 原料适应性强	燃气中甲烷含量较低； 高温运行时不易达到稳定状态； 要求原料颗粒度小； 操控复杂； 固体不完全气化损失较高； 存在灰分熔融问题

以上技术是采用空气或者水蒸气作为气化剂的。目前，也有关于采用富氧作为气化剂的流化床气化方面的研究，但是该技术需要装备制氧设备，造价昂贵，而初投资和运行成本较高，并不适合大规模工业化生产，因此，研发新的生物质气化工艺以合理利用生物质能源成为亟待解决的问题。

| 1.3 生物质流化床气化模型的研究进展 |

气化温度、气化压力、气化剂流量和原料流量等是影响气化过程的重要参数。任何参数的变化都会对气化产物造成影响，从而影响气化炉的性能。另外，不同的原料有不同的成分以及热化学性质方面的差异。这些参数在气化反应的过程中存在相互关联，都是影响气化炉性能的重要因素。

为探明气化反应的机理，对气化炉的设计和运行参数进行优化，需要通过调整各种气化参数进行实验验证，由于参数较多，因此导致实验量过于庞大，故出于安全和经济性方面的考虑，大规模实验是不可行的。由于数学建模可以准确地描述气化炉内发生的化学和物理现象，因此可以使用相关模型来模拟气化反应的过程，研究气化反应的机理，在最小的时间成本和经济成本下对气化炉的设计和运行参数进行优化。由于影响反应器状态的变量是动态变化的，因此气化反应器的状态在任何空间和时间点都不同。反应器内的主要变量是压力、温度、气体流速和每种物质的浓度。这些变量是相互依赖的，具有动态可变性。化学反应、流体流动、分子运输和辐射在任何时候都会导致这些性质的变化，所以模拟气化过程的数学模型的预测能力取决于模型对这些变量的准确描述能力。在开发模型时，建模者可能会忽略某些变量或进行简化假设以减小模型的复杂性，这会导致模拟结果不准确，因此在制定模型时必须非常小心，以便尽可能减少模拟中出现的误差。

热力学平衡模型和动力学模型是气化领域模拟研究的热点。下面介绍各模拟方法的研究进展。

1.3.1 国内外热力学平衡模型的研究进展

热力学平衡模型依据发生反应的热力学平衡而建立，通过合理的假设，热力学平衡模型可以确定气化系统的热力学状态，并能预测不同参数对气化结果产生的影响。热力学平衡模型又可分为化学计量模型和非化学计量模型。化学计量模型是基于平衡常数而建立的，在这种模型中，通常考虑最重要的反应，而忽略其他反应，因此可能会导致所开发的模型对结果的预测出现错误。而非化学计量建模方法能够克服该问题，非化学计量方法的核心是根据反应系统的最小化吉布斯自由能来建立模型。

热力学平衡模型相对比较简单，但它们可以准确地预测气化产物组分。例如，在下吸式气化器中发生的反应通常在接近平衡条件下运行。另外，尽管热力学平衡方法相对容易实现并且快速收敛，但该方法也受到一定的热力学限制。例如，在相对较低的气化温度下，实际气化炉内可能未完全达到热力学平衡状态。因此该方法不能应用在气化温度较低的情况下。

许多科研人员已成功地使用热力学平衡模型对流化床气化工艺进行建模。下面介绍最近该工作的一些重要进展。

影响流化床气化炉性能的关键参数是气化炉温度、进料平均温度、当量比、原料水分含量、水蒸气与原料比和原料粒径分布。热力学平衡模型被用于研究这些参数对气化产物的影响，并且在大多数情况下与实验结果一致。

温度对气化反应的影响很大，将直接影响气化产物的组分。高温能促进吸热反应朝正方向进行，有利于生成物增加（Bounded Reaction，Water - Gas Reaction，Steam - Methane Reforming Reaction），而对于放热反应，则有利于反应物的增加（Methanation Reaction，CO Shift Reaction）。由于高温能带来较高的碳转化率并促进焦油的重整，因此高床温能带来较少的焦炭残余、产物中极少的焦油及更高的气体产率，所以反应器温度的升高能使所产生的气体富含 H_2 和少量 CH_4。

进料温度的增加也将导致气体产物中的 H_2 浓度增加，而 CH_4 和 CO_2 的浓度降低。

当量比（ER）在气化中起到重要作用，它的定义为实际燃烧空气量与燃料燃烧所需要的理论空气量之比。目前的研究认为，流化床生物质气化的当量比为 0.10 ~ 0.30。从这些研究中可以看出，过小的当量比会导致反应温度的降低，不利于生物质气化反应的进行。另外，过大的当量比会导致通过氧化反应消耗更多的 H_2 和其他可燃气体，导致最终气体的高位热值（HHV）降低。因此在不同的气化炉和不同的运行参数下都存在最佳 ER，需要根据其工艺具体确定。

现有研究显示原料中的水分含量对所产气体的质量具有负面影响。随着燃料水分含量的增加，气化炉内的平均温度由于水分吸热变成蒸汽而下降。由于温度降低，气化反应速率减慢并最终导致较低的产气热值和较差的产气品质。

现有研究显示蒸汽与生物质的比率（S/B）对气化产物的影响与气化温度息息相关。Gungor 的研究发现，当气化温度为 800 ℃时，增加蒸汽与生物质的比例会增加产氢量，但是由于在较高的床温下水蒸气会吸收更多的热量，而为了达到较高的床温，气化炉也需要更多的热量，二者需要相互平衡。

现有研究显示，较小的生物质颗粒有较大的比表面积和更快的加热速率，从而可以提高气化反应速率。对于小粒径，热解过程主要受反应动力学控制；由于气化反应速度也受到气体扩散速度的控制，因此随着颗粒尺寸的增加，颗粒内部产生的产物气体相对难以扩散出来，所以在气化时需要控制原料颗粒尺寸。

综上所述，热力学平衡模型已经成功应用于流化床气化炉的研究中，结合基于实验研究的经验参数来修正模型，可以更好地提高模型的精度。

1.3.2 国内外动力学模型的研究进展

动力学模型用于预测气化炉在有限时间内（或在有限体积内）发生反应的气体产率和气体产物。动力学模型可以预测气化炉内气体组成和温度的分布以及给定操作条件下的整体气化炉性能。

动力学模型考虑了气化炉内部的气化反应动力学和流体动力学。其中，反应动力学涉及炉内物质相互发生气化反应的动力学、质量平衡和能量平衡，以在给定的操作条件下获得气体产物、焦油和焦炭的产率，而流体动力学则涉及床内各物质的物理混合过程，所以动力学模型的计算量很大。与此同时，想要得到更精确的模拟结果就需要对模型进行更详细的反应动力学和流体动力学方面的描述，模型的复杂性也会随之增加，对计算资源的消耗极高。面对这一问题，通常对模型进行合理的假设和简化，从而降低模型的复杂性，但必须仔细评估假设的合理性，保证模拟结果与实际相吻合。目前，许多研究人员已经开始研究流化床气化炉动力学模型，并取得了一定成果。下面列举一些近期关于流化床气化炉动力学模型的研究进展。

李大中建立了流化床生物质气化动力学模型，该模型将气化过程分成了三个阶段：①热分解阶段；②气化反应阶段；③二次反应阶段。这三个阶段与实际的气化过程较为吻合，因此，该模型可以比较全面地对流化床生物质气化过程的动力学特性进行模拟，虽然对研究外界条件对气化过程的影响以及参数优化具有参考价值，但是该模型没有考虑传热与传质和流体特性，只考虑了化学反应动力学，所以该模型的实用性并不强。

诸林建立了双流化床生物质气化动力学模型，该模型以双流化床工艺过程为基础，结合流体动力学、化学反应动力学以及传热等方面的理论建立数学模型。关于双流化床气化模型，以前的研究多集中在热力学方面，该模型创新地从动力学方面着手研究，其结果能很好地反映各参数对炉内气化过程的影响，而不仅是对气化结果的影响。该模型中气化炉采用鼓泡床的模拟方法，将床层分为气泡相和乳化相，并且研究了水蒸气与生物质质量比（S/B）和气化温度对气化炉中合成气组分的影响。其模拟结果与实验结果吻合，为双流化床技术的发展做出了贡献。

吴远谋研究的生物质气流床动力学模型中包括了生物质热解反应模型和生物质气化反应模型，其中气化反应模型针对生物质颗粒采用了经典的收缩未反应芯模型进行模拟，模拟结果与实验结果一致。该论文提出了通过分离热解产物进行二次气化的优化模式，提出了一次气化时间和二次气化时间分配的合理性是保证得到最优气化产物的重要条件。另外，气化介质的加入位置以及加入时间点也是十分重要的，文中也给出了最佳参数。

郭斯茂建立了超临界水流化床内煤气化的基于动力学的数学模型。该模型研究了在较大的温度范围内超临界水流化床气化炉内的气化反应规律，包括气化反应速率、气体产物、固体颗粒的变化规律等，而且还揭示了气化炉内部化学反应的特征与气化规律。

Nikoo 和 Mahinpey 使用 ASPEN PLUS 模拟器开发了基于反应动力学和流体动力学，用于常压生物质流化床气化的综合模型。在对模型进行验证后，使用该模型研究了反应器温度、当量比、蒸汽与生物质比率和生物质粒度对气化反应的影响规律。发现提高气化温度可以改善气化性能。气化温度的升高能增加产物中氢气含量和碳转化效率，但会导致产物中 CO 和甲烷含量下降。通过增加 ER，CO_2 的含量会增加，碳转化效率也会提高。增加水蒸气与生物质的比率可以提高产物中氢气和一氧化碳的含量并降低 CO_2 含量和碳转化效率。另外，模拟结果显示，颗粒平均尺寸对所产气体组分没有显著影响。

Zheng Huixiao 开发了基于反应动力学和流体动力学的使用玉米秸秆为原料的流化床蒸汽气化过程的非稳态两相动力学模型。气化模型中应用了收缩未反应芯模型，热解模型中考虑颗粒大小对热解时间和热解产物影响。在该模型中，燃料颗粒停留在流化床中并参与化学反应，直到它们的尺寸减小到临界尺寸，才被夹带出床。该模型能够预测在不同的操作条件下，气泡相中的气体浓度分布和沿反应器高度的乳化相、床中颗粒随时间的变化以及流化床中颗粒尺寸分布。结果表明，水煤气变换反应和颗粒停留时间对于确定产物气体组分、碳转化率和气体产率等气化指标起着重要作用。

Qi Miao 开发了应用于循环流化床的生物质气化动力学模型。在该模型中考虑流体动力学和化学反应动力学来预测生物质气化过程的总体性能。模型中流化床被分成两个不同的部分：底部的密相区，在这个部分生物质主要发生的是非均相反应；顶部的稀相区，在这个区域以气相为主发生的是均相反应。每个区域又被分为许多微元体，对其进行质量和能量衡算。在该模型中考虑了许多均相和非均相反应。由于有良好的气固混合，反应在反应动力学控制下，因此传质阻力可以忽略不计。该模型能够预测气化炉床温分布，床层垂直方向各产物的浓度分布、产气的成分和热值、气化效率、总碳转化率和产气量。该模型填补了循环流化床生物质气化炉动力学模型研究的空白。

Jin Xiaozhong 开发了基于三相理论的循环流化床燃烧模型并在该模型中提出了循环流化床密相区欠氧燃烧的物理机制，然后据此修正了前人循环流化床模型的部分假设，建立了一个基于三相流动的模拟床内流动、燃烧和传热的综合模型，以分析流动对燃烧行为的综合影响。计算结果与实验结果对比显示，该模型能较好地反映循环流化床内的温度分布以及燃烧所产气体产物的分布，所以对于建立循环流化床生物质气化模型具有非常重要的借鉴意义。

E. D. Gordillo 开发了以核能为热源的一维两相鼓泡床生物质蒸汽气化动力学模型。该模型基于流体动力学、反应动力学、热质交换理论建立了质量平衡方程和能量平衡方程，模拟了生物质气化炉内的温度分布和所产气体的浓度分布。模型中将鼓泡床分为气泡相和乳化相，而其中，乳化相中又分为气相和固相。该模型是一个完整的以核能为热源的鼓泡床气化炉综合数学模型，可以对气化过程进行动态和稳态的模拟，并且能模拟流化床中一些复杂参数的变化情况。该模型对以核能为热源的鼓泡床气化炉的模拟准确，为该炉型的工程应用提供了坚实的理论依据。

热力学平衡模型、动力学模型或二者的组合各有其优点和缺点。热力学平衡模型结构简单，在计算时所消耗的计算资源较少，但是无法对气化过程进行预测；动力学模型一般是综合模型，从气化机理出发，综合考虑气化反应动力学、气化过程各个阶段的传质现象和流体动力学特性，比较符合实际，预测也更精确，但动力学模型需要消耗更多的计算资源。综上所述，对于不同的模型根据其优缺点都有不同的适用场合，如热力学平衡模型由于其对模拟结果预测精度较高且消耗较少计算资源，所以更适用于工程应用领域，而动力学模型由于其能对气化过程进行预测，但消耗较多计算资源，因此更适合应用于科研和气化工艺设计领域。

|1.4　本书的工作|

本书的研究对象为一种新的流化床气化方法：生物质与煤复合串行气化。

该气化方法中，煤燃烧和生物质与煤串行气化两个过程在同一个流化床内完成，分为燃烧反应阶段和气化反应阶段，在燃烧反应阶段提高炉内温度，在气化反应阶段制取富氢燃气。气化剂先与煤发生反应，再与生物质发生反应，即生物质与煤复合串行气化法。

1.4.1 研究内容

作者在湖南大学攻读博士期间，对该气化过程的机理进行了深入研究。研究内容如下：

1. 生物质与煤复合串行气化的机理

本书研究生物质与煤复合串行气化过程的反应机理，在该工艺中气化炉采用流化床，气化炉分阶段运行，分为燃烧加热阶段和通水蒸气气化阶段，两个阶段组成一个完整的循环制气过程。燃烧阶段原理是：煤从煤斗通过螺旋给料器进入炉中，由于炉内温度高，因此煤进入炉内发生热解，然后与从炉底进入的空气发生燃烧反应，放出热量，炉内升温，产生大量烟气，烟气经过换热、除尘、除焦油后从烟囱排出，当炉内温度升高到设定温度时，燃烧阶段结束，进入气化阶段。气化阶段的原理是：生物质从生物质斗通过螺旋给料器进入炉中，水蒸气从炉底进入，在炉内的高温条件下水蒸气先与燃烧反应后剩余的焦炭发生气化反应，然后再与瞬间热解后的生物质进行气化反应（生物质与煤复合串行气化），产生的可燃气体经过换热、除尘、除焦油后进入储气柜中储存。由于气化反应是吸热反应，因此气化过程中炉内温度会下降，当炉内温度下降到设定温度时，气化阶段结束，再次进入燃烧阶段。运行中，这两个阶段交替进行，以实现连续产气。

目前，关于生物质气化与煤气化的研究已有许多报道，但本书所研究的生物质与煤复合串行气化过程比较独特，煤与生物质在同一气化炉内发生气化反应的机理尚不明确，需要进一步研究气化剂、煤与生物质的相互影响，炉内温度分布规律，探明控制合成气成分和产量的影响因素等问题。

2. 生物质与煤复合串行气化模型的建立与求解

本项目研究的核心是依据生物质与煤串行复合气化的机理，建立气化系统热力学平衡模型和基于反应动力学、流体动力学、传热传质理论并结合多区温度关联式的综合数学模型。本项目需要建立两种模型的原因在于其应用场合不同，热力学平衡模型由于对模拟结果预测精度较高且消耗较少计算资源，因此更适用于工程应用领域，而动力学模型则由于能对气化过程进行预测，但消耗较多计算资源，所以更适合应用在气化机理的研究、气化工艺的设计领域中。

本书将基于煤气化区与生物质气化区的双区温度关联式建立生物质与煤复合串行气化过程的热力学平衡模型。该模型对生物质和煤复合串行气化过程进行热力学衡算，将研究气化温度、生物质与煤之比和水蒸气与生物质之比等气化操作参数对气体产物的产量及组成的影响，并从能量利用率和碳转化率最大化等角度初步探讨气化操作参数的最优化。对生物质和煤复合串行气化过程的热力学平衡进行分析可以进一步认识该工艺的气化过程，了解操作条件对反应平衡产生的影响，有针对性地优化气化操作条件，为研究生物质与煤复合串行气化过程提供基础数据和理论指导。

基于反应动力学、流体动力学、传质理论并结合多区温度关联式的综合数学模型是建立在上述气化机理研究基础上的，分为燃烧阶段子模型和气化阶段子模型。其中，燃烧阶段可认为是煤在流化床中燃烧，这部分的模型研究较为成熟，可参考前人的研究成果，但是气化阶段十分复杂，首先，气化分为煤气化和生物质气化两个部分，这两部分又分别包括干燥、热解、气化等阶段，每个阶段需要建立子模型。建立这些子模型的过程中首先需要研究生物质气化与煤气化的不同机理在串行气化时的相互影响。其次，由于煤气化部分和生物质气化部分的流化状态不同，因此炉内的传质过程也不尽相同，所以需要研究如何将各过程准确地耦合。最后，以上子模型中又分别包括不同物料的干燥子模型、热解子模型、气化子模型、质量平衡子模型、能量平衡子模型等众多子模型，而且燃烧和气化这两个阶段是交替进行的，因此需要耦合迭代计算。这些都增加了模型的复杂程度。

模型建立后，需要用计算机求解，特别是综合数学模型是耦合了多个过程的十分复杂的数学模型，而且燃烧过程和气化过程都是动态过程，增加了计算的难度，所以需要研究并选择最合适的计算方法。

3. 对生物质与煤复合串行气化过程模型进行实验验证

将模型计算出的结果与实验结果对比来判断模型正确与否，如果不正确，那么需要对气化理论或模型结构进行调整，直至得到与实际相吻合的正确模型。

1.4.2 创新点

1. 提出生物质与煤复合串行气化方法

该气化方法旨在克服现有气化技术的缺陷，在提高运行稳定性、降低初期投资和运行成本、提高产气热值、克服生物质原材料产量不稳定性等诸多方面进行改进。

2. 提出煤气化区与生物质气化区的双区温度关联式，并建立生物质与煤复合串行气化过程的热力学平衡模型

双区温度关联式可以计算出炉内不同区域的温度，以提高模型模拟的准确性。在热力学平衡模型中将依据实际的气化过程，首次将同一气化炉内发生的不同反应分成不同的阶段进行模拟，并分别用模型对这些不同阶段进行描述。最终得到适用于工程领域，能对该气化过程产物进行准确、快捷预测的热力学平衡模型。

3. 基于多区温度关联式建立生物质与煤复合串行气化过程的综合数学模型

该模型的建立需要建立众多子模型，包括密相区的流动模型、稀相区的流动模型、热解模型、气化反应模型等，并结合本书所提出的多区温度关联式。

本书将依据气化炉实际工况研究最适合该工艺的模拟方法。这些子模型耦合形成的综合数学模型可以对该工艺过程进行准确模拟，并为该气化工艺的设计、运行和优化奠定理论基础。

1.4.3 本书结构

本书共分为 6 章：

第 1 章介绍了本书的研究背景以及相关的研究方法综述和研究内容。

第 2 章介绍生物质与煤复合串行气化系统的工艺流程，建立面向工程应用领域的生物质与煤复合串行气化过程的热力学平衡模型。该模型预测精度较高且消耗较少计算资源。

第 3 章将热力学平衡模型模拟结果与实验结果相对比，验证模型的准确性后，对各操作参数对模拟结果的影响进行了分析并给出了最佳操作条件。

第 4 章建立面向气化机理研究、气化工艺设计领域的基于反应动力学、流体动力学和传质理论并结合多区温度关联式的生物质与煤复合串行气化过程的综合数学模型。首先，确定模型的整体框架，将需要研究的各子模型列出，包括干燥子模型、热解子模型、气化子模型、质量平衡子模型、能量平衡子模型等众多子模型；其次，依据本工艺的实际情况对各子模型进行详细的研究，确定最准确的描述方法；最后，将各子模型整合成一个完整的数学模型。

第 5 章首先将上述综合数学模型模拟结果与实验结果进行对比，验证模型的准确性；其次，利用模型对生物质与煤复合串行气化过程进行详细的参数的敏感性分析，研究影响气化性能的指标参数；最后，给出最优的设计参数和操作条件。

第 6 章总结了本文的研究内容，探讨了开展后续研究工作的方向。

第 2 章

生物质与煤复合串行气化过程热力学平衡模型

|2.1 生物质与煤复合串行气化方法简介|

本书所研究的生物质与煤复合串行气化方法中，气化炉采用的是流化床。图2.1所示为生物质与煤复合串行气化工艺流程。气化所用的水蒸气由余热锅炉吸收烟气、燃气的热量供给。系统中有4个阀门：空气阀（1-1）、水蒸气阀（2-1）、烟气阀（1-2）和燃气阀（2-2）。通过这4个阀门，气化炉就能分阶段运行，即燃烧阶段和气化阶段。这两个阶段组成了完整的循环制气过程。整个系统采用分散控制系统（DCS）进行控制。

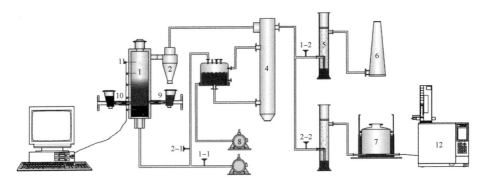

图2.1 生物质与煤复合串行气化工艺流程

1—生物质与煤复合串行气化炉；2—旋风分离器；3—汽包；4—余热锅炉；

5—洗涤塔；6—烟囱；7—储气柜；8—风机；9—加料机（生物质）；

10—加料机（煤）；11—热电偶；12—气相色谱分析仪

本工艺气化工作流程如下：燃烧阶段，空气阀和烟气阀处于开启状态，炉内通入煤，煤与空气发生燃烧反应放出热量。该阶段的目的在于提升炉内温度，当炉内温度升高到预定参数时，系统将关闭风机停止供应空气，相应的阀门也会联动启闭：空气阀和烟气阀关闭，水蒸气阀和燃气阀打开，系统切换至气化阶段。在气化阶段，炉内通入生物质，炉底通入水蒸气，水蒸气首先与燃烧阶段未燃尽的煤焦发生气化反应，然后再与热解后的生物质焦发生气化反应，产生富含氢气的中热值可燃气。由于气化反应是吸热反应，因此炉温会逐步下降，当炉温达到预设值时，系统又会切换至燃烧阶段，以提升炉温。如此，两个阶段往复循环制取富氢燃气，就组成了生物质与煤复合串行气化工艺流程。

生物质与煤复合串行气化过程中所发生的反应见表 2.1。

表 2.1　生物质与煤复合串行气化过程中所发生的反应

反应类型	反应表达式
焦炭参与的反应	
R1	$C + CO_2 \leftrightarrow 2CO + 172 \ kJ/mol$
R2	$C + H_2O \leftrightarrow CO + H_2 + 131 \ kJ/mol$
R3	$C + 2H_2 \leftrightarrow CH_4 - 74.8 \ kJ/mol$
R4	$C + 0.5O_2 \leftrightarrow CO - 111 \ kJ/mol$
氧化反应	
R5	$C + O_2 \leftrightarrow CO_2 - 394 \ kJ/mol$
R6	$CO + 0.5O_2 \leftrightarrow CO_2 - 284 \ kJ/mol$
R7	$CH_4 + 2O_2 \leftrightarrow CO_2 + 2H_2O - 803 \ kJ/mol$
R8	$H_2 + 0.5O_2 \leftrightarrow H_2O - 242 \ kJ/mol$
变换反应	
R9	$CO + H_2O \leftrightarrow CO_2 + H_2 - 41.2 \ kJ/mol$
甲烷化反应	
R10	$2CO + 2H_2 \leftrightarrow CH_4 + CO_2 - 247 \ kJ/mol$
R11	$CO + 3H_2 \leftrightarrow CH_4 + H_2O - 206 \ kJ/mol$
R12	$CO_2 + 4H_2 \leftrightarrow CH_4 + 2H_2O - 165 \ kJ/mol$
蒸汽重整反应	
R13	$CH_4 + H_2O \leftrightarrow CO + 3H_2 + 206 \ kJ/mol$
R14	$CH_4 + 0.5O_2 \leftrightarrow CO + 2H_2 + 36 \ kJ/mol$

|2.2 热力学平衡模型描述|

物质与煤复合串行气化工艺是以流化床气化炉为核心的,虽然前人已做过大量的与流化床气化相关的热力学平衡模型,但是由于其在工艺上存在不同之处,因此前人留下的模型都只能作为参考使用。该工艺的热力学平衡模型分为燃烧子模型和气化子模型两大子模型。这两大子模型又分别包括煤热解模型、煤焦炭燃烧模型、煤焦炭气化模型、生物质气化模型,再结合质量平衡方程和能量平衡方程,于是组成了生物质与煤复合串行气化过程的热力学平衡模型。

燃烧子模型的原理如图2.2所示,煤通过螺旋给料器从煤斗进入炉中,由于炉内温度高,因此煤进入炉内发生热解,然后与从炉底进入的空气发生燃烧反应,放出热量,炉内温度升高,产生大量烟气,所以在模型中应先计算热解所产生的煤焦炭和挥发分,然后计算焦炭与空气的燃烧反应以及挥发分与空气的燃烧反应。

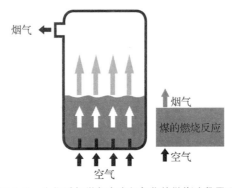

图2.2 生物质与煤复合串行气化的燃烧阶段原理

气化子模型的原理如图2.3所示,生物质从生物质斗通过螺旋给料器进入炉中,水蒸气从炉底进入,在炉内的高温条件下,水蒸气先与燃烧反应后剩余的焦炭发生气化反应,然后再与瞬间热解后的生物质发生气化反应,在焦炭气化段炉内处于流化状态,而在生物质气化段炉内则处于气力输送状态,所以在模型中应先计算生物质热解所产生的生物质焦炭和挥发分,然后计算水蒸气与燃烧阶段未完全燃烧的剩余煤焦炭与水蒸气发生的气化反应,即煤焦炭气化模型。该模型的产物再与生物质发生气化反应,最终得到气化产物。

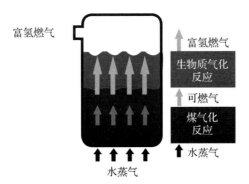

图 2.3　生物质与煤复合串行气化的气化阶段原理

下面对热力学平衡模型中所涉及的各个子模型进行详细分析。

2.2.1　煤的热解模型

热解是物料进入气化炉中必不可少的过程。它将物料中大量复杂的碳氢化合物分子分解成相对较小和较简单的气体，焦油和焦炭分子的热解过程如图 2.4 所示。其中气体的成分比较复杂，主要包括 H_2、H_2O、CO、CO_2、CH_4、N_2、H_2S 等，而对于某一种具体物料而言，其热解所产生的产物组分就更加复杂了。

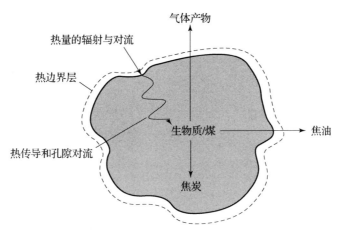

图 2.4　焦油和焦炭分子的热解过程

在热力学平衡模型中需要计算煤的热解产物，因为煤在复合串行气化过程中的燃烧阶段和气化阶段有不同的作用。燃烧阶段往炉内通入煤后，煤立即发生热解，产生的焦炭一部分用于燃烧，而未燃尽的部分则用于气化，所以在燃烧阶段必须通过热解计算出产物，特别是产物中的焦炭含量。对于不同煤种，其热解产物不同，同一煤种不同床温下、不同加热速率条件下的热解产物也不同，准确描述煤的热解产物十分重要，相关的热解产物预测模型也很多，其中得到公认的模型是 Merrick 提出的。本书采用 Merrick 的模型进行计算。热解产物与煤的可燃基之间存在元素平衡关系，其元素平衡矩阵方程组可写为式（2.1）：

$$
\begin{bmatrix}
C_{coke} & 0.75 & 0.4286 & 0.2727 & C_{coal,t} & 0 & 0 & 0 & 0 \\
H_{coke} & 0.25 & 0 & 0 & H_{coal,t} & 1 & 0.111 & 0 & 0.0588 \\
O_{coke} & 0 & 0.5714 & 0.7273 & O_{coal,t} & 0 & 0.8889 & 0 & 0 \\
N_{coke} & 0 & 0 & 0 & N_{coal,t} & 0 & 0 & 1 & 0 \\
S_{coke} & 0 & 0 & 0 & S_{coal,t} & 0 & 0 & 0 & 0.9412 \\
1 & 0 & 0 & 0 & 0 & 0 & 0 & 0 & 0 \\
0 & 1 & 0 & 0 & 0 & 0 & 0 & 0 & 0 \\
0 & 0 & 1 & 0 & 0 & 0 & 0 & 0 & 0 \\
0 & 0 & 0 & 1 & 0 & 0 & 0 & 0 & 0
\end{bmatrix}
\begin{bmatrix}
char \\ CH_4 \\ CO \\ CO_2 \\ tar \\ H_2 \\ H_2O \\ N_2 \\ H_2S
\end{bmatrix}
=
\begin{bmatrix}
C_{coal,daf} \\ H_{coal,daf} \\ O_{coal,daf} \\ N_{coal,daf} \\ S_{coal,daf} \\ 1-V \\ x_{coal,1}4H_{coal,daf} \\ x_{coal,2}1.75O_{coal,daf} \\ x_{coal,3}1.375O_{coal,daf}
\end{bmatrix}
$$

$$（2.1）$$

其中，焦油的分子式用 $C_6H_{6.2}O_{0.2}$ 表示，C_{coke}、H_{coke}、O_{coke}、N_{coke}、S_{coke} 为煤半焦可燃基中 C、H、O、N、S 各元素的质量分数；$C_{coal,t}$、$H_{coal,t}$、$O_{coal,t}$、$N_{coal,t}$、$S_{coal,t}$ 为焦油中 C、H、O、N、S 各元素的质量分数；$C_{coal,daf}$、$H_{coal,daf}$、$O_{coal,daf}$、$N_{coal,daf}$、$S_{coal,daf}$ 为煤可燃基中 C、H、O、N、S 各元素的质量分数；$x_{coal,1}$ 表示热解产物中 CH_4 的 H 元素含量占原煤中 H 元素含量的质量分数；$x_{coal,2}$、$x_{coal,3}$ 分别表示热解产物中 CO 及 CO_2 的 O 元素含量占煤中 O 元素含量的质量分数。经验数值 $x_{coal,1}$、$x_{coal,2}$、$x_{coal,3}$ 需要由制取煤半焦后进行元素分析得到。

2.2.2 煤的燃烧模型

由于该炉为流化床，因此在燃烧阶段给予一定的过量空气系数，在燃烧模型中假定完全反应，则燃烧反应总方程式表示为方程（2.2）：

$$y_1C + y_2H_2 + y_3CO + y_4CO_2 + y_5H_2O + y_6CH_4 + y_7N_2 + y_8H_2S + y_9tar +$$
$$y_{10}(O_2 + 3.76N_2) \rightarrow y_{11}CO_2 + y_{12}H_2O + y_{13}O_2 + y_{14}SO_2 + (y_7 + 3.76y_{10})N_2$$

$$（2.2）$$

其中 y_1 为热解产物中焦炭的物质的量，但是在燃烧阶段焦炭并未完全反应，而是有一部分焦炭发生气化反应，所以该值需在程序中反复迭代求解才能得到正确值，$y_2 \sim y_9$ 分别对应为热解模型中所求得各产物的物质的量，y_{10} 为在一定过量空气系数条件下输入的空气量。建立燃烧模型的目的是求解烟气中各成分的量，所以为求解以上方程，根据元素守恒原理，增加碳平衡方程（2.3）、氢平衡方程（2.4）、氧平衡方程（2.5）和硫平衡方程（2.6）：

碳平衡方程：

$$y_1 + y_3 + y_4 + y_6 + y_9 = y_{11} \tag{2.3}$$

氢平衡方程：

$$2y_2 + 2y_5 + 4y_6 + 2y_8 + 0.136y_9 = 2y_{12} \tag{2.4}$$

氧平衡方程：

$$y_3 + 2y_4 + y_5 + 2y_{10} = 2y_{11} + y_{12} + 2y_{13} + 2y_{14} \tag{2.5}$$

硫平衡方程：

$$y_8 = y_{14} \tag{2.6}$$

2.2.3　焦炭气化模型

气化反应涉及炭和气化介质之间的多个反应在表 2.1 中已列出。在本书所建立的热力学平衡模型中进行一定的简化，只选择表 2.1 中最主要的几个气化反应：

$$R1: \qquad C + CO_2 \xrightarrow{K_1} 2CO \tag{2.7}$$

$$R2: \qquad C + H_2O \xrightarrow{K_2} CO + H_2 \tag{2.8}$$

$$R3: \qquad C + 2H_2 \xrightarrow{K_3} CH_4 \tag{2.9}$$

$$R9: \qquad CO + H_2O \xrightarrow{K_9} H_2 + CO_2 \tag{2.10}$$

$$R12: \qquad CH_4 + H_2O \xrightarrow{K_{12}} CO + 3H_2 \tag{2.11}$$

式（2.7）~式（2.11）显示了 CO_2 和水蒸气等气化剂如何与固体碳反应，将碳转化为低分子量气体，如 CO 和 H_2，以及 CO、CH_4 等气体与气化剂（蒸汽）之间发生的反应。这些反应通常是吸热反应（如 R1 和 R2），但是它们中的一些也可以是放热反应（如 R3）。

式（2.7）~式（2.11）中的 K_i 为反应平衡常数。该参数主要与气化温度有关，而与气化压力无关。图 2.5 给出了该模型中所应用到的主要气化反应的平衡常数与气化温度的关系。正对应不同的气化反应，现分析如下：

R1：碳的气化反应（Boudouard Reaction）是指碳在 CO_2 中的气化，它是气化过程中最重要的反应之一，当反应温度低于 850 ℃时，其逆向反应速度很快，因此 CO_2 很难被还原为 CO；当反应温度高于 850 ℃时，其正向反应将加快并超过逆反应速率，产物 CO 将迅速增加；当气化温度超过 1 200 ℃时，逆反应速度变得极为缓慢，反应基本都是朝着正反应方向进行，CO_2 能全部反应生成 CO，所以要提高产物中 CO 的浓度，可通过升高气化反应温度的方法来实现。

R2：水煤气反应（Water Gas Reaction）是气化反应中最重要的反应。随着气化温度的升高，正反应得以加强，气化反应温度越高，则平衡常数也越大，所产气体中 H_2 和 CO 的浓度也会越高，所以在气化过程中为了提高 H_2 和 CO 的浓度，需要尽可能高的气化反应温度以促进水煤气反应朝正反应方向进行，并且气化温度不能低于 750 ℃，否则水煤气反应的逆反应将会超过正反应，导致 H_2 和 CO 浓度降低。

R3：加氢气化反应（Hydrogasification Reaction）是提高所产气体热值的重要反应。由图 2.5 可知，随气化温度的升高，加氢气化反应的逆反应会被加强，不利于甲烷的生成，但是气化温度太低也会影响 H_2 的含量，该反应的平衡态在 800 ℃。

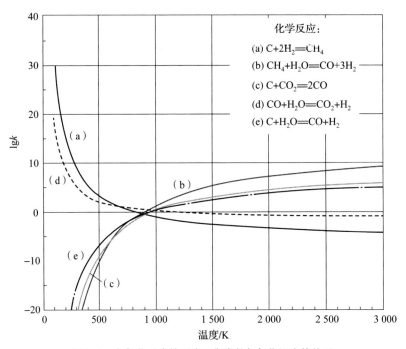

图 2.5　各气化反应的反应平衡常数与气化温度的关系

R9：水煤气变换反应（Water Gas Shift Reaction）以消耗 CO 为代价增加了气化产物的氢含量，这是制取富氢燃气的重要反应。该反应在较低温度下具有较大的反应平衡常数，这意味着在较低温度下 H_2 的产率较高，在 225 ℃ 左右获得最佳产量。随着温度的升高，逆反应加强，H_2 的产率降低，但反应速率增加。在 1 000 ℃ 以上时，水煤气变换反应能迅速达到平衡，但在较低温度下，它需要非均相催化剂进行催化才能达到平衡，因此，为了通过该反应增加气体中 H_2 的组分，需要将气化反应温度尽可能降低。

R12：蒸汽重整反应（Steam - reforming Reaction），该反应是气化过程中调整 CH_4 含量的重要反应，与加氢气化反应不同的是该反应为均相反应，随着温度的升高甲烷含量呈下降的趋势，所以为了增加气体热值应该控制气化反应温度，应抑制该反应的正反应的发生。

焦炭气化反应总方程可以描述为：

$$aC + maH_2O \rightarrow x_{c,1}H_2 + x_{c,2}CO + x_{c,3}CO_2 + x_{c,4}H_2O + x_{c,5}CH_4 \quad (2.12)$$

其中 a 为燃烧后残余的焦炭的物质的量；m 为水碳比（Steam/C）；$x_{c,i}$ 为各产物的物质的量。若要求解以上方程，则需根据元素守恒原理建立平衡方程。

碳平衡方程：

$$x_{c,2} + x_{c,3} + x_{c,5} = a \quad (2.13)$$

氢平衡方程：

$$2x_{c,1} + 2x_{c,4} + 4x_{c,5} = 2ma \quad (2.14)$$

氧平衡方程：

$$x_{c,2} + 2x_{c,3} + x_{c,4} = ma + na \quad (2.15)$$

由于元素守恒方程为 3 个，未知数为 5 个，需要增加两个反应平衡方程。

反应 R3 的反应平衡方程为：

$$x_{c,1}x_{c,1}K_{c,3} = x_{c,5} \quad (2.16)$$

其中 $K_{c,3}$ 为反应 R3 的反应平衡常数，可由式（2.17）求得：

$$\ln K_{c,3}(T_1) = \frac{7\,295.05}{T_1} - 6.771\ln T_1 + 3.758 \times 10^{-3}T_1 - 0.347\,5 \times 10^{-6}T_1^2 + 33.48$$

$$(2.17)$$

反应 R9 的反应平衡方程为：

$$x_{c,2}x_{c,4}K_{c,9} = x_{c,1}x_{c,3} \quad (2.18)$$

其中 $K_{c,9}$ 为反应 R9 的反应平衡常数，可由式（2.19）求得：

$$\ln K_{c,9}(T_1) = -\frac{20\,552.9}{T_1} + 1.16\ln T_1 - 1.877 \times 10^{-3}T_1 + 0.239 \times 10^{-6}T_1^2 + 14.45$$

$$(2.19)$$

其中 T_1 为焦炭气化温度（K）。

2.2.4 生物质气化模型

生物质气化与焦炭气化的主要反应方程相同，但是由于反应温度不同，反应原材料的组成成分不同，因此总的化学反应方程、元素守恒方程和反应平衡

方程有所区别。总的化学反应方程可以描述为：

$$bCH_{0.136}O_{0.69} + mbH_2O \rightarrow x_{b,1}H_2 + x_{b,2}CO + x_{b,3}CO_2 + x_{b,4}H_2O + x_{b,5}CH_4$$

$$(2.20)$$

其中，b 为加入的生物质的物质的量；m 为水碳比；$x_{b,i}$ 为各产物的物质的量；$CH_{0.136}O_{0.69}$ 为根据元素分析得到的木屑的分子式，其中氮元素和硫元素由于含量极低，在分子式中被忽略了。若要求解以上方程，则根据元素守恒原理建立平衡方程。

碳平衡方程：

$$x_{b,2} + x_{b,3} + x_{b,5} = b \qquad (2.21)$$

氢平衡方程：

$$2x_{b,1} + 2x_{b,4} + 4x_{b,5} = 2mb + 0.136b \qquad (2.22)$$

氧平衡方程：

$$x_{b,2} + 2x_{b,3} + x_{b,4} = mb + nb + b0.69 \qquad (2.23)$$

由于元素守恒方程为 3 个，未知数为 5 个，因此需要增加两个反应平衡方程，反应 R3 的反应平衡方程为：

$$(x_{b,1} + x_{c,1})(x_{b,1} + x_{c,1})K_{b,3} = (x_{b,5} + x_{c,5}) \qquad (2.24)$$

其中 $K_{b,3}$ 为反应 R3 的反应平衡常数，可由式（2.25）求得：

$$\ln K_{b,3}(T_2) = \frac{7295.05}{T_2} - 6.771\ln T_2 + 3.758 \times 10^{-3}T_2 - 0.3475 \times 10^{-6}T_2^2 + 33.48$$

$$(2.25)$$

反应 R9 的反应平衡方程为：

$$(x_{b,2} + x_{c,2})(x_{b,4} + x_{c,4})K_{b,9} = (x_{b,1} + x_{c,1})(x_{b,3} + x_{c,3}) \qquad (2.26)$$

其中 $K_{b,9}$ 为反应 R9 的反应平衡常数，可由式（2.27）求得：

$$\ln K_{b,9}(T_2) = -\frac{20552.9}{T_2} + 1.16\ln T_2 - 1.877 \times 10^{-3}T_2 + 0.239 \times 10^{-6}T_2^2 + 14.45$$

$$(2.27)$$

其中 T_2 为生物质气化温度（K）。

2.2.5　煤气化区与生物质气化区的双区温度关联式

在气化阶段，煤气化区与生物质气化区发生在炉膛的不同位置，所以其发生反应的温度也不同。实验对这两处的温度都进行了实时记录。该温度如图 2.6 所示，在炉膛的不同高度设置热电偶进行测量。其中设置距炉底160 mm 的热电偶测量煤气化区焦炭气化温度，在模型中该参数被定义为 T_1；距离炉底 600 mm 处的热电偶测量生物质气化区温度，在模型中该参数被定义为 T_2。

根据实测数据，通过拟合得到煤气化区与生物质气化区的双区温度关联式如下：

$$T_2 = a_1 T_1^2 + b_1 T_1 + c_1 \qquad (2.28)$$

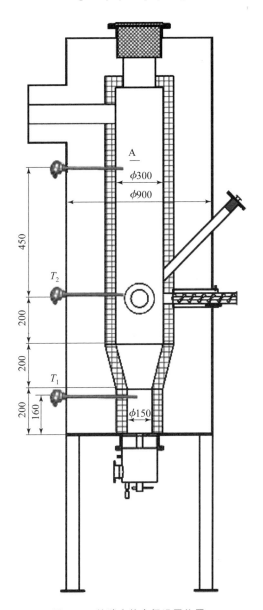

图 2.6 炉膛中热电偶设置位置

式（2.28）为气化阶段的生物质气化区与煤气化区温度之间的关联式。式（2.28）中各系数取值如下：a_1 取 0.000 8；b_1 取 −0.549 5；c_1 取 849.540 7。

在模型计算时，输入不同的煤气化区温度 T_1 就可以对应计算出生物质气化温度 T_2。这样，将实验结论与模型相结合可能极大地提高模型的精度，使模拟结果更加可靠。

2.2.6　能量平衡

根据系统输入物质与输出物质能量守恒的原则得到能量平衡方程（2.29），气化炉内能量的平衡示意图如图 2.7 所示。在能量平衡方程中输入的热量包括 6 项，输出的热量也包括六项，具体的形式下面一一列出。

$$\sum Q_{in} = \sum Q_{out} \qquad (2.29)$$

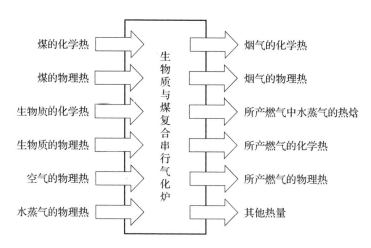

图 2.7　气化炉内能量的平衡示意图

1. 热量输入项

（1） $Q_{in,1}$：煤的化学热（MJ）。

$$Q_{in,1} = LHV_{coal} \cdot m_{coal} \qquad (2.30)$$

式（2.30）中，LHV_{coal} 为煤的低位发热量（MJ/kg）；m_{coal} 为煤的用量（kg/h）。

（2） $Q_{in,2}$：生物质的化学热（MJ）。

$$Q_{in,2} = LHV_{biomass} \cdot m_{biomass} \qquad (2.31)$$

式（2.31）中，$LHV_{biomass}$ 为生物质的低位发热量（MJ/kg）；$m_{biomass}$ 为生物质的用量（kg/h）。

（3） $Q_{in,3}$：煤的物理热（MJ）。

$$Q_{in,3} = m_{coal} \cdot c_{p_{coal}} \cdot T_{ar_{coal}} \qquad (2.32)$$

式（2.32）中，$c_{p_{coal}}$ 为煤的比热容，本书实验部分所使用的煤为丹徒煤，其比

热容为 1.5×10^{-3} MJ/(kg·K)；$T_{ar_{coal}}$ 煤的收到基温度（℃）。

（4）$Q_{in,4}$：生物质的物理热（MJ）。

$$Q_{in,4} = m_{biomass} \cdot c_{p_{biomass}} \cdot T_{ar_{biomass}} \tag{2.33}$$

式（2.33）中，$c_{p_{biomass}}$ 为生物质的比热容，本书实验部分所使用的生物质为木屑，其比热容为 0.762×10^{-3} MJ/(kg·K)；$T_{ar_{biomass}}$ 生物质的收到基温度（℃）。

（5）$Q_{in,5}$：空气带入的物理热（MJ）。

$$Q_{in,5} = V_{air} \cdot i_{air} \cdot 10^{-3} \tag{2.34}$$

式（2.34）中，V_{air} 为燃烧阶段所需要的空气量（kg），其具体表达式见式（2.35）；i_{air} 为空气的焓值（kJ/kg$_{干空气}$），其具体表达式见式（2.36）。

$$V_{air} = \frac{m_{coal} \cdot \varepsilon_{coal,C} \cdot \varphi \cdot \sigma}{mw_C} \tag{2.35}$$

式（2.35）中，$\varepsilon_{coal,C}$ 为煤的含碳量（%）；φ 为燃烧阶段消耗碳的百分数（%）；σ 为过量空气系数，本书中取 1.1；mw_C 为碳的分子量。

$$i_{air} = (1.01 + 1.84d)T_{air} + 2\,500\,d \tag{2.36}$$

式（2.36）中，T_{air} 为空气温度（℃）；d 为含湿量（kg$_{水蒸气}$/kg$_{干空气}$）。

（6）$Q_{in,6}$：水蒸气的热焓（MJ）。

$$Q_{in,6} = m_{steam} \cdot i_{steam} \cdot 10^{-3} \tag{2.37}$$

式（2.37）中，m_{steam} 为使用水蒸气的质量（kg/h）；i_{steam} 为水蒸气的焓值（MJ/kg），其具体表达式见式（2.37）。

$$i_{steam} = 2.487 + 1.926 \cdot 10^{-3} \cdot T_{steam} \tag{2.38}$$

式（2.38）中，T_{steam} 为水蒸气的温度，在实验中水蒸气通过蒸汽发生器产生蒸汽后再经过过热器对水蒸气进行过热，使水蒸气温度达到 350 ℃后再送入炉中。

2. 热量输出项

（1）$Q_{out,7}$：烟气的化学热（MJ）。

$$Q_{out,7} = V_y \cdot i_y \cdot m_{coal} \cdot \varphi \tag{2.39}$$

式（2.39）中，V_y 为单位燃料所产生的实际烟气量（Nm³/kg），其具体表达式见式（2.40）；i_y 为烟气的高位热值，近似取 1.5 MJ/m³。

$$V_y = V_y^0 + (\sigma - 1)V_k^0 \tag{2.40}$$

式（2.40）中，V_y^0 为单位燃料所产生的理论烟气量（Nm³/kg），其具体表达式见式（2.41）；V_k^0 为单位燃料燃烧所需要的理论空气量（Nm³/kg），其具体表达式见式（2.42）。

$$V_y^0 = 0.25 \frac{Q_{net,ar}}{1\,000} + 0.77 \qquad (2.41)$$

式（2.41）中，$Q_{net,ar}$为燃料的收到基低位发热量（MJ/kg）。

$$V_k^0 = 0.25 \frac{Q_{net,ar}}{1\,000} + 0.278 \qquad (2.42)$$

（2）$Q_{out,8}$：烟气的物理热（MJ）。

$$Q_{out,8} = V_y \cdot m_{coal} \cdot \varphi \cdot c_{p_{smoke}} \cdot T_{smoke} \qquad (2.43)$$

式（2.43）中，$c_{p_{smoke}}$为烟气的比热容，取 1.458×10^{-3} MJ/（$m^3 \cdot K$）；T_{smoke}为烟气温度，本书中取值为 600 ℃。

（3）$Q_{out,9}$：水煤气中水汽的热焓（MJ）。

$$Q_{out,9} = (x_{c,4} + x_{b,4}) \times mw_{steam} \times (2.487 + 1.98 \times 10^{-3} \times t_{gas}) \qquad (2.44)$$

式（2.44）中，t_{gas}为水煤气温度，本书中取 550 ℃。

（4）$Q_{out,10}$：水煤气的化学热（MJ）。

$$Q_{out,10} = Q_{gr,gas} \cdot V_{gas} \qquad (2.45)$$

式（2.45）中，$Q_{gr,gas}$为水煤气的高位热值（MJ/m^3），其具体表达式见式（2.46）；V_{gas}为水煤气体积（m^3）。

$$Q_{gr,gas} = 12.64 \cdot y_{CO} + 12.75 \cdot y_{H_2} + 39.82 \cdot y_{CH_4} + 25.35 \cdot y_{H_2S} \qquad (2.46)$$

式（2.46）中，y_i为水煤气中各组分所占的百分比。

（5）$Q_{out,11}$：水煤气的物理热（mJ）。

$$Q_{out,11} = V_{gas} \cdot c_{pgas} \cdot T_{gas} \qquad (2.47)$$

式（2.47）中，c_{pgas}为水煤气的比热容，其具体表达式见式（2.48）。

$$c_{pgas} = 1.353 \cdot y_{CO} + 2.029 \cdot y_{CO_2} + 1.309 \cdot y_{H_2} + 2.194 \cdot y_{CH_4} + 1.702 \cdot y_{H_2S} \qquad (2.48)$$

（6）$Q_{out,12}$：其他热量（MJ）。

该项依据实际情况进行估算，主要包括的内容为：其他带出物化学热、其他带出物物理热、灰渣化学热、灰渣物理热、炉体散热损失、烟气中的水蒸气所携带的热量。以上各项在约占总输出热量的 13.5%。

2.2.7　气化效率

气化效率 θ 是衡量气化炉性能的重要指标，定义为：在冷态下，气化产物热量与输入原料的热量之比，用式（2.49）计算：

$$\theta = \frac{Q_{produce} V_{produce}}{Q_{coal} + Q_{biomass}} \qquad (2.49)$$

式中，$Q_{produce}$ 为气化产物的热值（MJ/m³）；$V_{produce}$ 为气体产量（m³/h）；Q_{coal} 为每小时输入煤的热量（MJ/h）；$Q_{biomass}$ 为每小时输入生物质量的热量（MJ/h）。

|2.3　热力学平衡模型的模结构|

本模型使用 Matlab 编写程序求解，其程序流程如图 2.8 所示。首先，输入炉温、炉压、煤与生物质的元素分析和工业分析等基本参数，并输入煤的量，

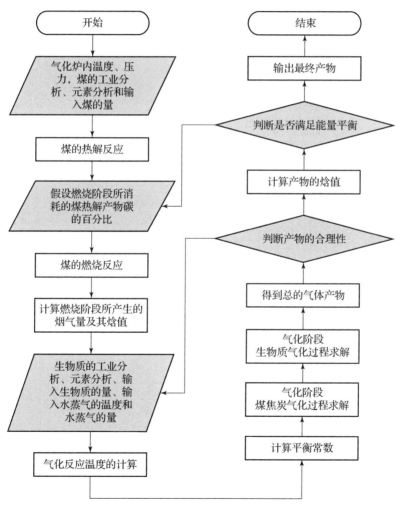

图 2.8　热力学平衡模型 Matlab 的程序流程

使用煤的热解子模型计算煤的热解产物，下一步假设热解产物中的碳在燃烧阶段消耗的比例 φ，这部分碳在煤的燃烧子模型中与其他热解产物一起发生燃烧反应，燃烧反应总方程式见式（2.2）。求解方程（2.3）~方程（2.6）可以得到烟气的量，输入气化阶段原始参数，包括生物质的量、水蒸气量、催化剂量后，计算气化阶段的产物，未燃烧的碳则在气化阶段发生焦炭气化反应，求解方程（2.13）~方程（2.16）和方程（2.18）得到焦炭气化的产物 $x_{c,1}$、$x_{c,2}$、$x_{c,3}$、$x_{c,4}$、$x_{c,5}$，下一步计算生物质气化反应，求解方程（2.21）~方程（2.24），方程（2.26）得到生物质气化的产物 $x_{b,1}$、$x_{b,2}$、$x_{b,3}$、$x_{b,4}$、$x_{b,5}$，得到总的气化产物后判断气化产物的合理性，之后应用方程（2.29）进行能量平衡衡算，若平衡，则得到最终气化产物；若不平衡，则修正 φ，重新计算气化产物，直至算出正确结果。

第 3 章

生物质与煤复合串行气化过程
热力学平衡模型分析

|3.1 模型验证|

模型的模拟结果是否准确需要通过实验进行检验，本书所建立的热力学平衡模型的模拟结果将与相关文献进行对比验证其准确性。

生物质与煤复合串行气化工艺主要包括：气化炉、煤和生物质给料系统、散热降温系统、水蒸气发生系统、热回收系统、除尘系统（包括喷淋系统）、燃气收集系统、控制系统、参数测量系统和产物分析检测系统等。

气化炉是本工艺的最重要的部分，在实验装置中它的设计参数如下：气化炉为流化床，设计气化强度为 2 500 kg/(m² · h)。炉底部内径为 150 mm，顶部内径为 300 mm，气化炉的外径为 900 mm，炉体的高度为 2 000 mm。气化炉配置螺旋给料器分别加入生物质和煤。设计给料量 45 kg/h，产气量 88.3 m³/h。

由于螺旋给料器与炉体直接接触导致螺旋给料器出口处的温度极高，因此在此设置散热降温系统进行冷却降温，以防止原料被提前引燃，同时也能起到保护设备的作用。

本工艺采用的气化剂为水蒸气，水蒸气主要由水蒸气发生系统和热回收系统提供。正常工作时，水蒸气由热回收系统吸收烟气和燃气的热量产生，水蒸气发生器主要用于气化炉启动初期，余热锅炉供热不足，不能及时产生足够的水蒸气用于气化。此时，使用水蒸气发生器来产蒸汽。

除尘系统包括洗涤塔和烟囱。其中，洗涤塔的主要作用是除尘、除焦油和冷却所产燃气。另外，洗涤塔中还有喷淋系统，这是用于对烟气进行除尘降温的作用。

燃气收集系统主要是储气柜，实验中其作用是储存所产气体，在实际工程中也必须有储气柜，其作用主要是调节用户在不同时间段对用气量需求的不同，即补偿用气负荷的变化，稳定系统压力。

控制系统是本工艺的核心，其主要由四个控制阀组成：空气阀、水蒸气阀、烟气阀和燃气阀。前两个阀门采用的是电磁阀，电磁阀动作快，适合快速进行燃烧阶段和气化阶段的切换；后两个阀门采用的则是气动阀，这是出于安全考虑，因为燃气存在爆炸危险。

参数测量系统主要包括温度测量系统、压力测量系统和气体流量测量。

温度测量系统由气化炉中不同位置的热电偶组成。这些热电偶分别设置于气化炉的底部、中部、顶部、旋风分离器的出口、余热锅炉的水侧出口和气侧出口、风室水蒸气的入口、洗涤塔的出口等位置。后文中所述的气化温度指的是气化炉底部热电偶所测温度，由于该位置为密相区温度，即主要的气化反应在此发生，因此气化炉中部热电偶所测温度为稀相区温度。

压力测量系统由四个压力监测点组成，分别位于风室、炉顶、旋风分离器的出口处和余热锅炉的出口处，其中位于炉体处的压力测试装置采用的是 2 m 长的 U 形管，其他各处的压力测试装置采用的是 1 m 长的 U 形管。

气体流量测量主要是指空气的流量测量，空气不但起到助燃剂的作用，更重要的是需要足够的空气将炉内的物料流化起来，实验中采用玻璃转子流量计对空气流量进行测量，冷态下煤颗粒的最小流化速度为 68 m^3/h。

产物分析检测系统由工业分析仪、元素分析仪、气相色谱仪等设备组成。

实验的生物质原料有很多种，包括稻壳、木屑、秸秆、树叶以及醋糟等，本书的模拟中，采用最具代表性的生物质木屑进行模拟，然后再跟实验结果进行对比。下面给出实验中木屑的相关参数，木屑的颗粒度为 0～1 mm，煤取自某化肥厂锅炉用贫煤，其颗粒度为 0～6 mm。木屑和煤的工业分析、元素分析和低位热值分析结果见表 3.1。

表 3.1　木屑和煤的工业分析、元素分析和低位热值分析表

名称	工业分析/%					元素分析/%				低位热值/(MJ/kg)
	M_{ad}	A_{ad}	V_{ad}	FC_{ad}	C_{ad}	H_{ad}	N_{ad}	O_{ad}	S_{ad}	LHV
木屑	9.07	3.6	81.44	5.89	47.74	6.49	0.08	32.93	0.09	16.657
煤	1.58	26.95	15.98	55.49	62.47	2.82	0.98	4.61	0.59	24.226

本模型研究所需要输入的数据见表 3.2。

表 3.2　热力学平衡模型的初始数据

参数名称	参数值
环境温度	25 ℃
环境压力	1.013 bar①
气化炉内径	0.3 m
气化炉高度	1.5 m
气化炉操作温度范围	700 ~ 1 100 ℃
气化炉操作压力	1.1 bar
气化剂种类	水蒸气
气化剂温度	350 ℃
水蒸气/碳的范围（S/C）	1.0 ~ 2.0

　　为了验证热力学平衡模型的准确性，将模拟结果与实验数据进行比较，不同工况下气体产物的体积分数的模拟值与实验值对比。如图 3.1 所示，其中工况 1 为 T_1：900 ℃；S/C：1.36；B/C：4/1，工况 2 为 T_1：1 000 ℃；S/C：1.36；B/C：4/1。Model 表示模拟数据，Exp 表示实验数据。

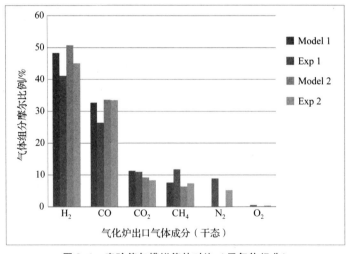

图 3.1　实验值与模拟值的对比（干气体组分）

---

① 1 bar = 1.01 × 10⁵ Pa。

实验值中，由于取样时气体已冷却，所以不存在水蒸气成分，所以在模拟值中也相应地使用去掉了水蒸气成分的干气体进行对比。

由图 3.1 可知，模拟结果与实验结果基本吻合，各组分的变化趋势模拟值与实验值一致，但是气体组分略有不同，其中 H_2、CO 和 CO_2 模拟值略高于实验值，CH_4 的模拟值略低于实验值，产生以上误差的原因有以下几方面：

（1）实验值中有 N_2 和 O_2 的存在，这是由于本工艺在实际操作过程中，在燃烧阶段向气化阶段切换时，总是会有部分燃烧阶段的烟气掺混进入气化阶段所产生的燃气中。这部分成分是该模型所无法模拟的。

（2）实验值由于实验情况复杂，条件限制，因此测量结果不准确。

（3）热力学平衡模型中只考虑了主要的化学反应，而气化炉中的化学反应过程十分复杂，也会导致模拟结果出现偏差。

虽然有模拟值与实验值存在一定误差，但是各主要成分的变化趋势均与实验结果相符。总的来说，该模型能很好地反映不同操作条件对所产气体组分的影响规律。本书采用该模拟方法来研究煤与生物质复合串行气化的规律。

本书主要研究三个方面的因素对气化性能产生的影响，即气化温度、水蒸气与生物质的比例（S/B）和生物质与煤的比例（B/C）。

3.2　反应温度对气化结果的影响

由前文分析可知，温度对气化反应平衡常数有重要影响，而反应平衡常数直接影响了反应进行的方向，所以在研究气化规律时必须要研究反应温度的影响。

在实验中，炉中温度始终是处于变化的状态，所以记录气化温度为一个温度区间。另外，需要注意的是，表 3.3 中，气化阶段加生物质量和燃烧阶段加煤量指的是一个燃烧 – 气化循环中所消耗的生物质和煤的质量。实验中，B/C 值、燃烧阶段供风量、气化阶段供蒸汽量、S/B 值等参数不变，只改变气化反应的温度区间：900 ~ 950 ℃、950 ~ 1 000 ℃、1 000 ~ 1 050 ℃。实验的结果如表 3.3 和图 3.2 ~ 图 3.4 所示。

表 3.3　气化炉各种温度区间的实验结果

名称	温度区间		
反应温度/℃	900～950	950～1 000	1 000～1 050
生物质/煤混合比例	4/1	4/1	4/1
燃烧阶段加煤量/kg	0.275	0.275	0.275
气化阶段加生物质量/kg	1.1	1.1	1.1
燃烧阶段供风量/$(m^3 \cdot h^{-1})$	68	68	68
气化阶段供蒸汽量/$(kg \cdot h^{-1})$	1.5	1.5	1.5
蒸汽量/生物质（S/B）比值	1.36	1.36	1.36
燃气组分（体积分数）/%			
H_2	41.18	44.65	45.10
CO	26.42	30.16	33.50
CH_4	11.88	9.15	7.42
CO_2	11.00	8.60	8.33
O_2	0.60	0.6	0.40
N_2	8.92	6.84	5.25
焦油含量/$(mg \cdot m^{-3})$	7.00	1.20	0.90
气体产率/$(m^3 \cdot kg^{-1})$	1.00	1.20	1.40
产氢率/$(g \cdot kg^{-1})$	36.77	47.84	56.38
潜在产氢率/$(m^3 \cdot kg^{-1})$	92.18	109.56	126.07
气体热值/$(MJ \cdot m^{-3})$	13.32	13.15	12.94

由图 3.2 可知，当随着反应温度区间的升高，H_2 和 CO 的含量有所上升，CO_2 的含量有所下降。从 900～950 ℃ 的气化温度区间到 1 000～1 050 ℃ 的气化温度区间，H_2 的含量由 41.18% 上升至 45.10%，CO 的含量由 26.42% 上升至 33.50%，CO_2 的含量由 11.00% 下降至 8.33%。根据前文的理论分析可知，出现这个现象的原因是温度越高，则 Boudouard 反应和水煤气反应的正反应速率都得到提升，而 CH_4 含量减少，主要是因为提高气化温度有利于水蒸气的重整反应。总体来说，在实验过程中焦油产量都很低，特别是当气化温度升高后，焦油的裂解速率加快，所产燃气中的焦油含量更是明显减少。

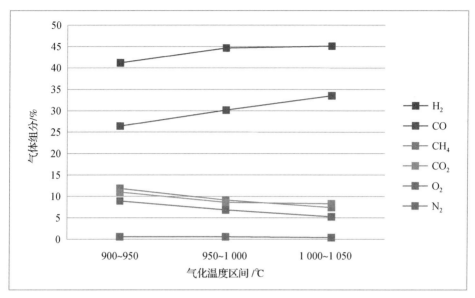

图 3.2　气化温度区间对所产气体组分的影响（S/B = 1.36，B/C = 4）

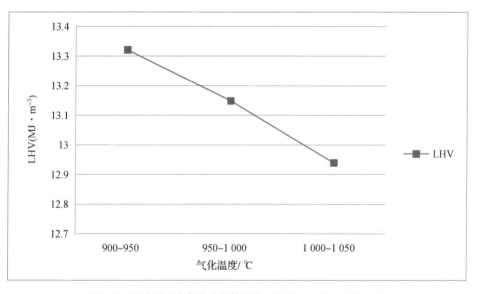

图 3.3　温度对所产气体热值的影响（S/B = 1.36，B/C = 4）

　　由图 3.3 可知，气化温度区间的升高会导致所产气体热值下降，这是由于随着温度的升高 CH₄ 含量有所下降，虽然 CO 的含量是有所上升的，但是降低 CH₄ 含量使得气体热值降低更多，所以气体热值会下降。

　　由图 3.4 可知，随着温度区间的升高，每千克生物质的产氢量由 36.77 g

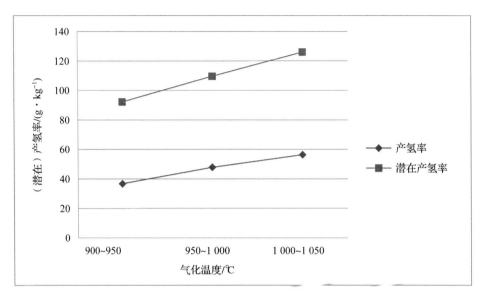

图 3.4　温度对产氢率的影响（S/B＝1.36，B/C＝4）

增加至 56.38 g，每千克生物质的潜在的产氢量由 92.18 g 增加至 126.07 g。另外，随着温度区间的升高气体产率也是增加的。此处的生物质的量是在干燥无灰基的状态下测量的。

通过实验可知提高气化温度可以提高产氢量、气体热值、气体产率等，所以在气化炉运行时应尽可能提高气化温度，但是需要注意的是气化温度不能过高，气化温度超过一定范围会引起炉内结渣，这与其原材料的灰熔点有关，在本实验中气化温度不能超过 1 100 ℃。

在热力学平衡模型中同样改变气化温度参数，气体产物的变化规律如下：

图 3.5 所示为在 S/C＝1.2，B/C＝4 的条件下，焦炭气化温度 T_1 变化对气体产物的影响，气化温度选择在 700～1 000 ℃是因为 T_1 为焦炭气化部分的温度，该部分处于流化状态，而流化床超过这个温度范围运行易结渣。

将图 3.5 与图 3.2 进行比较，其比较的条件有一定差异，一个是 S/B，一个是 S/C。这是因为实验中计入的生物质量，而模拟时可以更准确地计入发生气化反应的煤焦和生物质焦的量，所以二者数值 S/B 大于 S/C 进行比较更合理。由于模拟结果与实验结果的变化规律是一致的，这说明了模型的准确性。

由图 3.5 可知，产物中 H_2 和 CO 的含量都是随着反应温度的升高而增加的，而 CO_2 的含量则是随着反应温度的升高而减少，CH_4 的含量略有降低。这主要是因为各反应平衡常数受温度变化的影响造成的，R2 水煤气反应随着温度的升高正反应得以加强，气化反应温度越高，则反应平衡常数也越大，所产

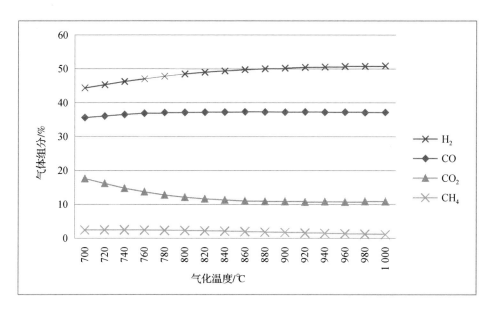

图 3.5　不同温度下的气体组分（S/C = 1.2，B/C = 4）

气体中的 CO 和 H_2 的浓度也会越高。R3 加氢反应随着气化温度的升高，逆反应被加强，导致随着气化温度升高 CH_4 含量下降，另外，也导致了 H_2 的增加。R9 水煤气变换反应随着温度的升高，逆反应加强，所以导致了产物中 CO_2 含量随着气化反应的温度升高而略有下降。

　　图 3.6 显示了在不同的 S/C 下，H_2 的产量随着温度的增加而增加，在计算区间内 H_2 的最大产量出现在 S/C = 2，$T_1 = 1\ 000$ ℃，B/C = 4 时，其值为 13.42 m^3/h，占干气体的摩尔比例为 59%。

　　图 3.7 ~ 图 3.9 分别为在不同 S/C 下，随着温度的变化单位气体热值、气体产量和总产气热值的变化规律，由图可知，气体热值随着温度的升高而先升高后降低，在此温度区间内不同的 S/C 下总是存在最大值，其最大值出现在 S/C = 2，$T_1 = 820$ ℃，B/C = 4 时，其值为 12.26 MJ/m^3。气体产量则在 700 ~ 1 000 ℃ 的温度区间内，部分 S/C 下随着温度的增加而增加，另有一部分在 S/C 下，气体产率随着温度的升高先增加后降低，存在最大值，其最大值出现在 S/C = 2，$T_1 = 940$ ℃，B/C = 4 时，每小时所产气体的总热量在 700 ~ 1 000 ℃ 的温度区间内也存在最大值，气体的总热值的最大值出现在 S/C = 2，$T_1 = 920$ ℃，B/C = 4 时。

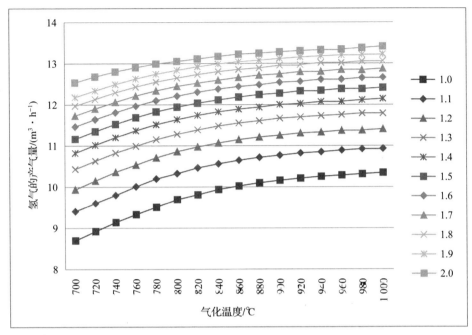

图3.6 不同温度和 S/C 下的氢气产量（B/C = 4）

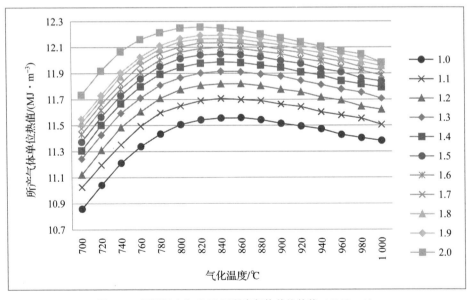

图3.7 不同温度和 S/C 下所产气体单位热值（B/C = 4）

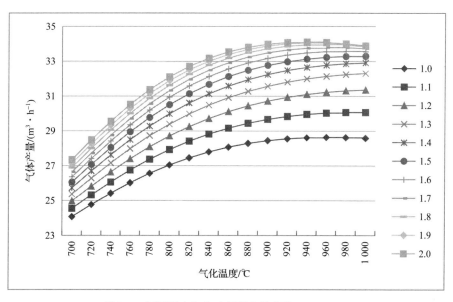

图 3.8　不同温度和 S/C 下的气体产量（B/C = 4）

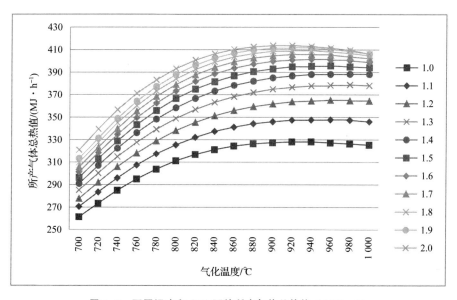

图 3.9　不同温度和 S/C 下的所产气体总热值（B/C = 4）

　　图 3.10 为在不同 S/C 下，在 700～1 000 ℃ 的温度区间内气化炉的气化效率先升后降，气化效率的最大值出现在 S/C = 2，T_1 = 800 ℃，B/C = 4 时，其值为 94.3%。表 3.4 为不同气化条件下的模拟结果。

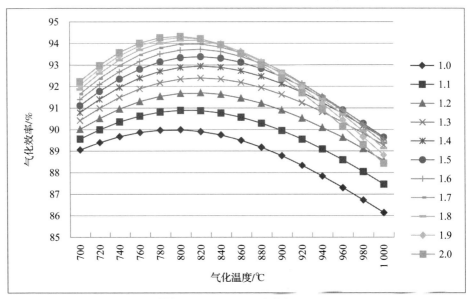

图 3.10　不同温度和 S/C 下的气化效率（B/C＝4）

表 3.4　不同气化条件下的模拟结果

项目	单位	1	2	3	4	5	6	7	8	9
T_1	℃	700	740	780	820	860	900	940	980	1 000
T_2	℃	857	881	908	937	969	1 003	1 040	1 079	1 100
T_{Steam}	℃	350	350	350	350	350	350	350	350	350
S/C	—	1.2	1.2	1.2	1.2	1.2	1.2	1.2	1.2	1.2
煤/生物质	—	0.25	0.25	0.25	0.25	0.25	0.25	0.25	0.25	0.25
φ	%	49.34	46.60	45.20	45.23	46.64	48.98	52.03	55.55	59.38
H_2	%	44.36	46.25	47.81	48.98	49.77	50.24	50.57	50.78	50.91
CO	%	35.63	36.55	37.09	37.22	37.33	37.23	37.2	37.15	37.19
CO_2	%	17.58	14.76	12.77	11.63	10.99	10.85	10.79	10.87	10.81
CH_4	%	2.41	2.43	2.32	2.15	1.89	1.67	1.42	1.19	1.07
气体产量	m³/h	24.98	26.64	28.09	29.25	30.11	30.71	31.10	31.31	31.37
单位气体热值	MJ/m³	11.12	11.48	11.71	11.81	11.82	11.78	11.71	11.64	11.62
总热值	MJ/h	259.03	274.79	286.98	290.15	294.19	287.61	283.31	277.16	277.16
θ	%	90.02	90.96	91.54	91.71	91.46	90.90	90.10	89.11	87.98

|3.3　S/C 对气化结果的影响|

本工艺采用的是水蒸气作为气化剂，水蒸气与生物质的比值作为一个重要的参数，必须探明其变化引起产物组分变化的规律。实验中，用 S/B 来表示该参数，这也是行业内常用的表示方法，因为进入炉内的水蒸气和生物质的量是可计量的，所以它的意义也很明确：水蒸气与反应物的比例，但是由于本工艺的特殊性，实际水蒸气不但与生物质发生反应还与燃烧阶段未燃尽的炭发生气化反应，所以在模型中用 S/C 来表征气化阶段水蒸气与反应物的比例更合理，其中 "C" 表示燃烧阶段未燃尽的碳和生物质中的碳的量之和。

实验中保持气化炉的气化温度区间为 1 000 ~ 1 050 ℃；气化阶段的加生物质量和燃烧阶段的加煤量之比，即 B/C 为 4；燃烧阶段送入炉内的空气流量保持在 68 m³/h。燃烧阶段的加煤量不变，调节气化阶段供水蒸气量，使 S/B 值在 1.15 ~ 2.07 进行实验，实验结果见表 3.5 和图 3.11、图 3.12 和图 3.13。

表 3.5　气化炉不同 S/B 的实验结果

名称	数据				
反应温度/℃	1 000 ~ 1 050	1 000 ~ 1 050	1 000 ~ 1 050	1 000 ~ 1 050	1 000 ~ 1 050
生物质/煤混合比例	4/1	4/1	4/1	4/1	4/1
燃烧阶段加煤量/kg	0.325	0.275	0.235	0.210	0.181
气化阶段加生物质量/kg	1.30	1.10	0.94	0.84	0.724
燃烧阶段供风量/(m³·h⁻¹)	68	68	68	68	68
气化阶段供蒸汽量/(kg·h⁻¹)	1.5	1.5	1.5	1.5	1.5
蒸汽量/生物质（S/B）比值	1.15	1.36	1.59	1.78	2.07
燃气组分（体积分数）/%					
H_2	43.45	45.10	45.76	46.82	49.34
CO	30.26	25.12	28.94	28.12	25.58

续表

名称	数据				
CH$_4$	7.79	7.42	9.43	9.72	10.86
CO$_2$	8.66	8.33	8.01	8.65	8.80
O$_2$	0.40	0.40	0.40	0.40	0.40
N$_2$	9.26	8.38	7.46	6.29	5.02
焦油含量/(mg·m^{-3})	0.90	0.90	0.90	0.90	0.90
气体产率/m^3·kg^{-1}	0.90	1.10	1.20	1.30	1.40
产氢率/g·kg^{-1}	34.91	44.29	49.03	54.34	61.67
潜在产氢率/m^3·kg^{-1}	78.44	95.98	110.34	120.82	134.37
气体热值（MJ·m^{-3}）	12.47	11.88	13.25	13.39	13.85

从图 3.11 中可以看出，H$_2$ 的体积分数随着 S/B 的增加由 43.45% 增加到了 49.34%，CO 组分有一定波动，在 S/B = 1.36 处突然减小，疑似实验误差，需要进一步进行理论分析，其他组分随 S/B 的变化幅度较小。

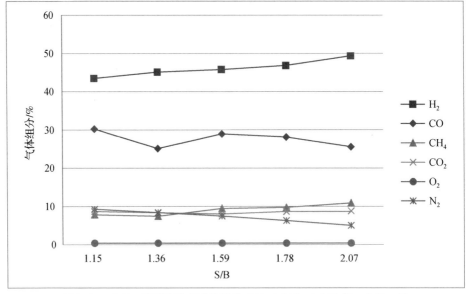

图 3.11　S/B 对所产气体组分的影响（T = 1 000 ~ 1 050 ℃，B/C = 4）

由图 3.12 可知，当 S/B = 1.36 时所产气体热值最低，同前文所述可能有实验误差，需要进一步进行理论分析。

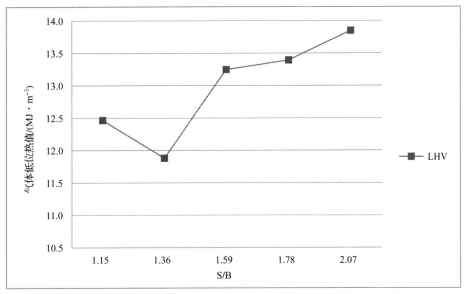

图 3.12　S/B 对所产气体热值的影响（$T = 1\,000 \sim 1\,050\ ℃$，$B/C = 4$）

由图 3.13 可知，每千克生物质的产氢量由 34.91 g 增加到了 61.67 g，每千克生物质的潜在的产氢量由 78.44 g 增加到了 134.37 g。另外，随着 S/B 的升高，气体产率也是增加的。同样，生物质的量是在其干燥无灰基的状态下测量的。

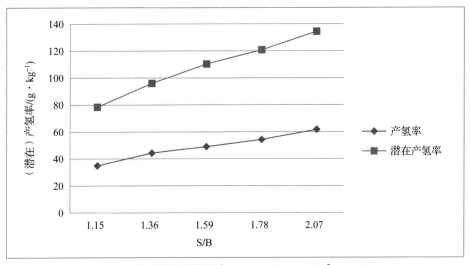

图 3.13　S/B 对产氢率的影响（$T = 1\,000 \sim 1\,050\ ℃$，$B/C = 4$）

表 3.5 为气化炉不同 S/B 的实验结果。

在热力学平衡模型中同样改变 S/C，气体产物的变化规律如下：

图 3.14 为在 $T_1 = 800\ ℃$，$B/C = 4$ 的条件下，S/C 变化对气体产物的影响。由图 3.14 可知，H_2 的产量随着 S/C 的增大而增大，CO_2 的产量随着 S/C 的增大而减小，CO 的产量也随着 S/C 的增大而减小，H_2O 的产量随着 S/C 的增大也增大，CH_4 的产量有一定增长，变化幅度较小。由 R2 水煤气反应可知水蒸气的增加有利于气化反应朝正反应方向进行，所以氢气含量是增加的。由 R9 水煤气变换反应可知，水蒸气的增加会促进反应朝正反应方向进行，所以会导致 CO 随 S/C 的增加而降低。

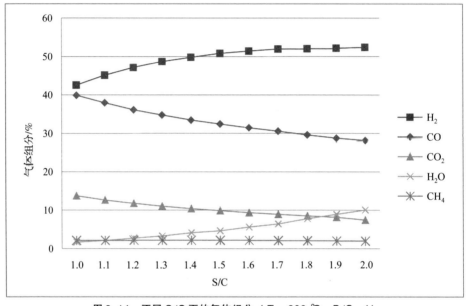

图 3.14　不同 S/C 下的气体组分（$T_1 = 800\ ℃$，$B/C = 4$）

由图 3.7 ~ 图 3.9 可知，所产气体的单位热值、产气量和产气总热量都是随着 S/C 的增大而增大，这说明水蒸气的加入是提高气化性能的重要途径，所以在实际运行时尽量取较大的 S/C 值，但是需要注意的是 S/C 值不能过高，过多的水蒸气通入炉内会迅速降低炉温导致气化过程无法进行，根据实际运行经验，最高可以取 S/C = 2。

由图 3.10 可知，气化炉的气化效率在气化温度 800 ℃ 以下时，随着 S/C 的增加而增加。在气化温度高于 800 ℃ 时随着 S/C 的增加，气化效率先增后降。当气化温度达到 1 000 ℃ 时，气化效率最大值出现在 S/C = 1.5。

上述分析可以发现，模拟得到的变化规律与实验结果的变化规律是一致的，进一步说明了模型的准确性。

|3.4　B/C 对气化结果的影响|

　　合理的生物质与煤的比例即 B/C 也是本工艺重点研究的问题。由于本工艺的着眼点是充分利用生物质这种可再生能源，而生物质的能量密度较低，难以独立维持本工艺的气化用热需求，因此必须加入煤作为辅助热源。如何尽量多用生物质，少用煤，找到两者之间的平衡点是关键。

　　实验中保持气化炉在 1 000 ~1 050 ℃的气化温度区间反应；燃烧阶段提供 68 m³/h 的空气量；气化阶段提供 1.5 kg/h 的水蒸气量；生物质与煤分别采用 0/100、20/80、40/60、60/40、80/20、100/0 这几个不同比例进行实验。具体实验参数和结果见表 3.6 和图 3.15、图 3.16 和图 3.17。

表 3.6　气化炉不同 B/C 的实验结果

名称	数据					
反应温度/℃	1 000 ~ 1 050	1 000 ~ 1 050	1 000 ~ 1 050	1 000 ~ 1 050	1 000 ~ 1 050	1 000 ~ 1 050
生物质/煤混合比例（B/C）	0/100	20/80	40/60	60/40	80/20	100/0
燃烧阶段加煤量/kg	0.275	4.4	1.65	0.73	0.275	0
气化阶段加生物质量/kg	0	1.1	1.1	1.1	1.1	1.1
燃烧阶段供风量/($m^3 \cdot h^{-1}$)	68	68	68	68	68	68
气化阶段供蒸汽量/($kg \cdot h^{-1}$)	1.5	1.5	1.5	1.5	1.5	1.5
蒸汽量/生物质（S/B）比值		1.36	1.36	1.36	1.36	1.36
燃气组分（体积分数）/%						
H_2	47.86	48.77	47.09	47.64	47.10	47.56
CO	24.60	24.88	29.71	30.86	31.72	33.33
CH_4	9.86	8.33	6.73	5.95	7.42	6.24
CO_2	7.81	9.20	8.63	9.04	8.33	8.00
O_2	0.4	0.3	0.4	0.3	0.4	0.4

续表

名称	数据					
N_2	9.47	8.52	7.44	6.21	5.03	4.37
焦油含量/(mg·m^{-3})	0.10	0.10	0.40	0.70	0.90	1.20
气体产率/(m^3·kg^{-1})	1.00	1.10	1.20	1.30	1.40	1.40
产氢率/(g·kg^{-1})	42.73	47.90	50.45	55.29	58.87	59.45
潜在产氢率/(g·kg^{-1})	91.11	96.87	103.91	111.83	126.34	124.63
气体热值/(MJ·m^{-3})	13.14	12.68	12.44	12.34	12.97	12.76

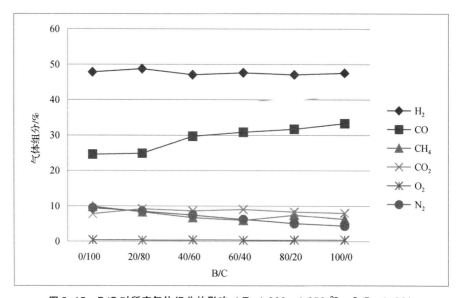

图 3.15　B/C 对所产气体组分的影响（T = 1 000 ~ 1 050 ℃，S/B = 1.36）

由图 3.15 可知，H_2 浓度变化不明显，CO 随着 B/C 的增加而明显增加，从 24.60% 上升到 33.33%，其他组分则都呈减少的趋势。一方面，由于气化反应以水煤气为主；另一方面，由于生物质的增加，其所产气体中生物质挥发分的含量会明显增加，而挥发分中 CO 的含量相对较高。这就是为什么改变生物质与煤的掺混比例对 H_2 的含量变化影响较小，而对 CO 的含量变化影响较大的原因。

由图 3.16 可知，随着 B/C 的增加，气体热值的变化较无序，是否是实验误差需要进一步研究。随着生物质加入比例的提高，燃气的气体产率趋于稳定的数值。

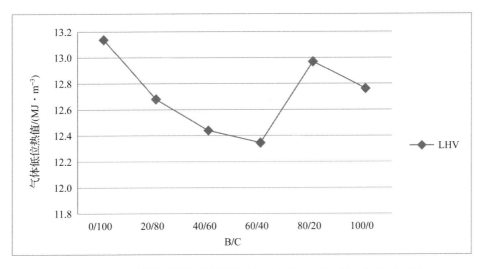

图 3.16　B/C 对所产气体热值的影响（$T=1\,000\sim1\,050\ ℃$，S/B = 1.36）

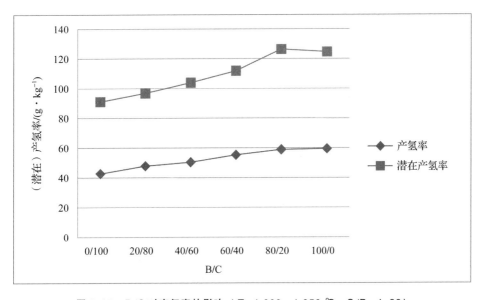

图 3.17　B/C 对产氢率的影响（$T=1\,000\sim1\,050\ ℃$，S/B = 1.36）

由图 3.17 可知，每千克生物质的产氢量由 42.73 g 增加到 59.45 g，每千克生物质的潜在的产氢量由 91.11 g 增加到 126.34 g。同样，生物质的量是在其干燥无灰基的状态下测量的。

表 3.6 为气化炉不同 B/C 的实验结果。

在热力学平衡模型中同样改变 B/C，气体产物的变化规律如下：

图 3.18 为 $T_1 = 800 ℃$，S/C $= 2$ 条件时，B/C 变化对气体产物的影响，由图 3.18 可知随着 B/C 的增加，H_2 的含量下降，CO_2 的含量下降，CO 的含量增加，水蒸气的含量也增加，CH_4 的含量有所下降，但是这些变化的幅度都比较小。主要是因为生物质与煤的组分不同，所以对应的产物也不同，但需要注意的是此图中所示参数为气体组分，而并非气体产量。图 3.18 所示的气体产量很清楚地显示了气体产量随着 B/C 的增加有所增加，所以随着 B/C 的增加，各个组分中气体的实际的产量也是增加的。

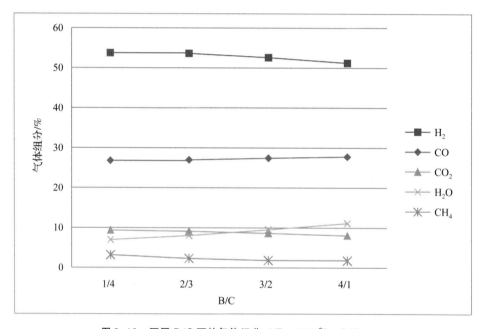

图 3.18   不同 B/C 下的气体组分（$T_1 = 800 ℃$，S/C $= 2$）

图 3.19 ～ 图 3.21 为不同 B/C 比例下气体产量，气体单位热值，产气总热值的变化图，由图可知热解气中气体热值较低，这主要是因为生物质热解产生的气体相对于煤更多，而热解气的热值是低于气化气的，这就导致了所产气体的单位气体热值随着 B/C 的增加下降。随着 B/C 的增加，由于气体产量增加，因此虽然单位气体热值有所下降，但是总的产气热值是增加的。

通过上述分析可知，实验值和模拟值在产物的变化以及热值变化趋势方面表现出了很好的一致性，验证了模型的可靠性，实验值中有个别参数出现了误差，可以通过模拟的方法对其进行修正。

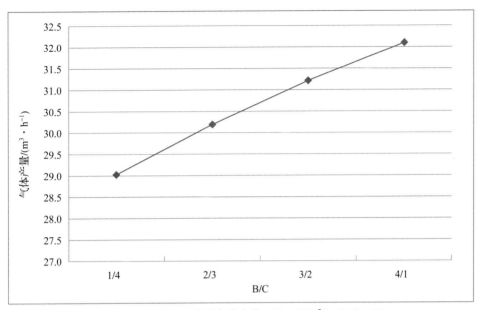

图 3.19　不同 B/C 下的气体产量（$T_1 = 800 ℃$，$S/C = 2$）

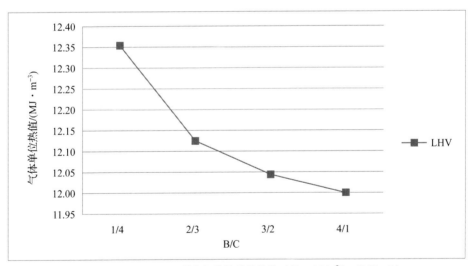

图 3.20　不同 B/C 下所产气体的单位热值（$T_1 = 800 ℃$，$S/C = 2$）

图 3.22 所示为不同 B/C 比例下气化炉气化效率的变化图，气化效率随 B/C 比例增加而增加，最大值出现在 B/C = 4 时，其值为 94.30%。

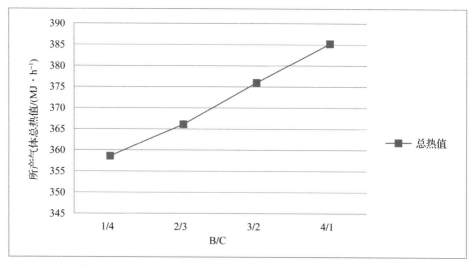

图 3.21　不同 B/C 下所产气体的总热值（$T_1 = 800\ ℃$，$S/C = 2$）

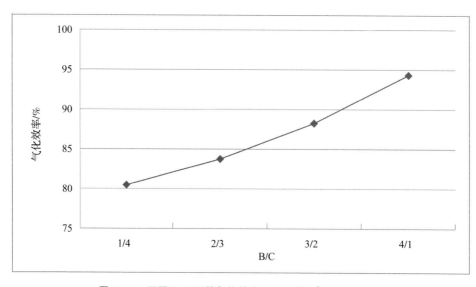

图 3.22　不同 B/C 下的气化效率（$T_1 = 800\ ℃$，$S/C = 2$）

　　由于煤是不可再生资源，而生物质是可再生资源，因此虽然煤的增加能提高单位气体热值，但是生物质的增加能增加总的气体产量，从而使总的产气热值增加，所以在实际应用中，应当尽可能使用生物质作为原材料进行气化。

|3.5　最佳操作条件|

对于不同的应用场所，本书给出了两组最优运行工况。其中，工况 1 的产气作为燃气应用，燃气需要热量最高，通过本书的研究，该工艺在 $T_1 =$ 920 ℃，S/C = 2，B/C = 4 时，每小时所产燃气的热量最高。当产气作为化工原料应用需要 H_2 含量较高时采用工况 2 运行，工况 2 的具体参数如下：$T_1 =$ 1 000 ℃，S/C = 2，B/C = 4。这两种工况下的具体模拟数据见表 3.7。

表 3.7　气化炉最佳工况的具体模拟数据

项目	单位	工况 1	工况 2
T_1	℃	920	1 000
T_2	℃	1 021	1 100
T_{Steam}	℃	350	350
S/C	—	2	2
煤/生物质	—	0.25	0.25
φ	%	46.13	72.3
H_2	%	59.43	59
CO	%	31.77	32.27
CO_2	%	7.42	7.74
CH_4	%	1.38	0.99
气体产量	m^3/h	34.08	33.89
单位气体热值	MJ/m^3	12.14	11.98
总热值	MJ/h	413.75	406
θ	%	91.70	88.43

生物质与煤复合串行气化过程综合数学模型

|4.1 综合数学模型描述|

气化过程的综合数学模型是通过耦合热解过程、燃烧过程和气化过程中的化学反应动力学、传质和不同区间的流体动力学特性来研究流化床气化炉性能的。该模型分为两个子模型，一个是燃烧子模型，空气从炉底进入与煤发生燃烧反应后进入稀相区继续反应，最后产生烟气排出。各区域分别采用密相区煤燃烧模型、稀相区燃烧模型进行模拟。另一个是气化子模型，水蒸气从炉底进入首先与燃烧反应中未燃尽的焦炭发生气化反应产生可燃气，可燃气再与生物质发生气化反应后进入稀相区继续反应，最后生成富氢燃气。各区域分别采用密相区煤气化模型、密相区生物质气化模型、稀相区气化模型进行模拟。这些子模型依据其流动特性不同，采用了三相鼓泡床模型和扬析夹带模型耦合化学反应动力学、传质以及多区温度关联式分别进行模拟（图4.1），以便对整个气化过程采用切合实际的方法进行模拟。下面将详细介绍炉内的各个子模型。

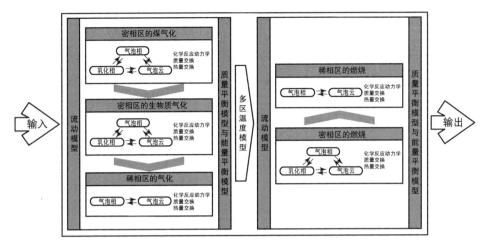

图 4.1　模型基本结构简图

|4.2　流动子模型|

在流化床中，流动特性很重要，它影响了床层物料之间的传质和化学反应。对于典型的流化床，其流化状态下床层轴向由底部的密相区和顶部的稀相区组成，随着颗粒储料量的增大，密相区和稀相区的拐点位置上移。由于这两个区域内的流动特性并不相同，因此需要采用不同的模拟方法。密相区中的流化状态通常为聚式流态化，高速气流通过料层时并不会使颗粒间的间距增大，而是会形成气泡，气体以气泡的形式通过料层，本书通过研究认为采用三相鼓泡床模型对其进行模拟最为合理；稀相区中气体以栓塞流的形式通过该区域，固体则是由密相区的气泡在密相区和稀相区的交界面上破裂而引起的扬析夹带现象将颗粒抛入稀相区中。本书通过研究认为，采用 Wen 和 Chen 的颗粒夹带模型对其进行模拟最为合理。

4.2.1　密相区内的流动子模型

1. 密相区内气泡运动特性及参数

在气化炉的床层上，气流从下而上穿越床层，当气流速度较小时，气体会从颗粒间的间隙处通过，整个床层在宏观上保持一个稳定状态，固定床气化炉工作时就处于这个状态，当穿过床层的气流速度超过了其对应燃料颗粒的最小流化速度时,气体无法从颗粒间的间隙处通过,而是将以气泡的形式通过床层,这就是本书所研究的流化床气化炉的工作状态。气泡相区域的结构如图4.2所示,在流化床中,气泡在布风板的表面形成,形成之初很小,而后迅速上升,并且在这个上升的过程中,随着气泡之间的合并以及周围压力的变化,气泡尺寸将变大,上升的速率也会提高。气泡的形状在初期为较小的球形,而后逐渐变大且为扁平状,最终呈现球形帽状。气泡的存在对炉内的气化反应既存在促进作用也存在抑制作用。所谓促进作用指的是气泡在上升过程中引起的炉内物质的强烈搅动与混合,不但能增加气固接触效率,而且能保证传热过程和传质过程快速完成。对于气化反应的抑制作用指的是部分气泡中的气体会一直在气泡中,直到穿过床层进入自由空间。这部分气体不会在床层中参与反应,形成"短路"。显然,这是不利于炉内反应进行的,所以气泡的行为对于床层的传递特性(如颗粒混合、颗粒扬析、气体混合、传热、传质等)是起决定性作用的,因此在建立气化炉的综合数学模型时,应先考虑如何对气泡的行为进行描述。

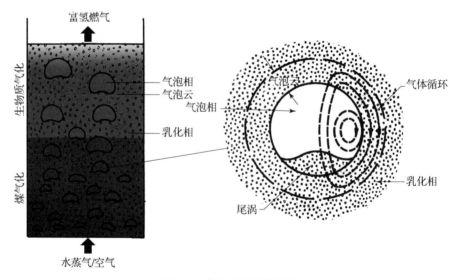

图 4.2　气泡相区域的结构

　　针对流化床气化炉这个多气泡系统,其分析的基础是在对单个气泡分析的基础上发展而来的。下面从单个气泡的行为分析出发,逐渐过渡到多气泡流化床的分析。气泡的行为分析主要包括气泡的形状及其变化、气泡云层及其尾涡的变化、气泡直径、上升速度、气泡所占体积份额等。

　　如图4.2所示,气泡周边存在气泡相、乳化相、气泡云相以及尾涡区,气泡相和乳化相显而易见,气泡云是指当气泡速度大于乳化相中的间隙气体速度时，气体对流循环从气泡空隙的顶部进入乳化相，然后将气体在气泡外循环返回其下部。发生这种循环的气泡周围的区域称为气泡云。气泡的上升速度将会直接影响到气泡云的大小和厚度，以乳化相的颗粒间隙的气流速度来区分，当气泡的上升速度大于它时，气泡与乳化相之间就可以形成气泡云。这样的气泡称为有云气泡，又名快气泡。在上升过程中，气泡速度会提升，气泡云层的厚度会减薄。当气泡上升速度很快时，气泡云层的厚度将会变得非常薄。这样，气体基本只能在气泡内部循环了。在气泡的下部存在一个突起的尾涡，尾涡被认为是气泡云的一部分，它是气泡尾部的一群随着气泡上升的颗粒。由于尾涡与气泡同时上升，因此尾涡区域中的颗粒的运动速度与气泡的上升速度基本相同，与乳化相中的颗粒相比，尾涡区域中的颗粒的运动速度更大，因此，尾涡是炉内颗粒运动的主要动力，对床层中颗粒运动起到了重要的作用。

描述气泡上升的过程是十分重要的。在气液系统中和气固系统中气泡的行为有类似的表达，在气液系统中，球形气泡的上升速度可以通过戴维斯和泰勒的理论进行很好的表述：

$$u_b = \frac{2}{3}(gR_n)^{\frac{1}{2}} \tag{4.1}$$

其中 R_n 为气泡前端的曲率半径。

由 Davidson 等测量得到的气泡上升速度可以表示为：

$$u_b = 0.711(gd_b)^{\frac{1}{2}} \tag{4.2}$$

其中 d_b 为与气泡等体积的球体的直径。

在本书的流化床气固系统中，气泡上升速度有类似的表述方式，采用式（4.3）进行计算：

$$u_b = (u_0 - u_{mf}) + u_{br} \tag{4.3}$$

其中 u_0 为气体的表观速度；u_{mf} 为流化床的临界流速；u_{br} 为气泡上升相对速度，本书采用式（4.4）进行计算：

$$u_{br} = 0.711(gd_b)^{\frac{1}{2}} \tag{4.4}$$

气泡的上升速度和气泡云相的厚度有直接关系，也直接影响到气泡直径的大小。根据气泡上升速度与乳化相的颗粒间隙气体流速的大小，可将气泡流动模式分为快气泡和慢气泡。乳化相的颗粒间隙气速 u_f 可表示为：

$$u_f = \frac{u_{mf}}{\varepsilon_{mf}} \tag{4.5}$$

其中 ε_{mf} 为临界空隙率。

当气泡的上升速度大于乳化相颗粒间隙的气流速度，即 $u_{br} > u_f$ 时，在气泡相和乳化相之间就会形成气泡云相。此时，气泡就称为有云气泡或快气泡。

当气泡的上升速度小于乳化相颗粒间隙的气流速度，即 $u_{br} < u_f$ 时，由于气流不在气泡相与周围乳化相之间循环，因此不会形成气泡云相，而是会穿过气泡。此时，气泡就称为无云气泡，或慢气泡。

气泡在床内所占的体积份额 δ 根据气泡的速度参考经验公式（4.6），对于慢气泡有：

$$\delta = \frac{u_0 - u_{mf}}{u_b + 2u_{mf}} \tag{4.6}$$

对于有一定厚度的气泡云，有：$\frac{u_{mf}}{\varepsilon_{mf}} < u_b < 5\frac{u_{mf}}{\varepsilon_{mf}}$，其气泡所占体积份额用式（4.7）表示：

$$\delta = \begin{cases} \dfrac{u_0 - u_{mf}}{u_b + u_{mf}} & u_b \cong \dfrac{u_{mf}}{\varepsilon_{mf}} \\[3mm] \dfrac{u_0 - u_{mf}}{u_b} & u_b \cong 5\dfrac{u_{mf}}{\varepsilon_{mf}} \end{cases} \tag{4.7}$$

对于快气泡 $u_b > 5\dfrac{u_{mf}}{\varepsilon_{mf}}$ 有：

$$\delta = \frac{u_0 - u_{mf}}{u_b - u_{mf}} \tag{4.8}$$

气泡云相与气泡的体积之比 f_c 可以定义为：

$$f_c = \frac{2u_f}{u_{br} - u_f} = \frac{2\dfrac{u_{mf}}{\varepsilon_{mf}}}{u_{br} - \dfrac{u_{mf}}{\varepsilon_{mf}}} \tag{4.9}$$

气泡的尾迹也需要在模型中考虑。图 4.3 所示为尾涡角度 θ_w 和尾涡与气泡体积的比值 f_w。气泡基本是球形，但是其底部总会有一个凹陷部位，即尾涡区域。

$$f_w = \frac{V_w}{V_b} \tag{4.10}$$

式（4.10）中，V_w 为尾涡部分体积，该参数无法通过理论分析确定。本书根据图 4.3 中的经验数据得到 f_w，该数据是由 Rowe 和 Partridge 在 X 射线拍照技术下观察得到的经验值。

由于在运动的过程中气泡会合并也会破裂，所以气泡的尺寸变化十分复杂，难以用模型进行预测。目前，多采用前人所研究的经验公式进行估算。本书采用的是 Mori 和 Wen 提出的关联式（4.11）来表示：

$$d_b = d_{b,\max} - (d_{b,\max} - d_{b,0})\exp\left(-0.3\frac{H}{d}\right) \tag{4.11}$$

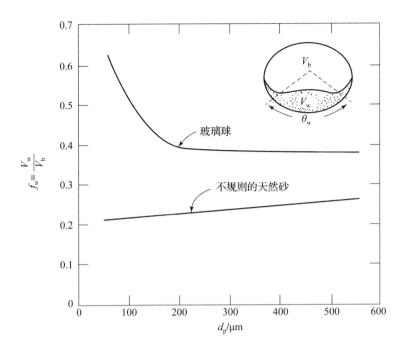

图 4.3　尾涡体积与气泡体积之间的关系

式（4.11）中，d 为流化床直径；d_b 为床高 H 处的气泡平均直径；$d_{b,0}$ 为布风板上形成初始气泡的平均直径；$d_{b,max}$ 为最大气泡直径。

由于本书所研究对象的实验对照设备的布风板采用的是多孔板，因此在模型中也采用相应的经验公式表示，$d_{b,0}$ 用式（4.12）来表示：

$$d_{b,0} = 1.38g^{-0.2}\left[A_D(u_0 - u_{mf})\right]^{0.4} \tag{4.12}$$

式（4.12）中，A_D 为布风板上每个小孔所影响的区域面积，即布风板的总截面面积与孔道数量的比值。在实验对照组中，布风板的结构如图 4.4 所示。

最大气泡直径 $d_{b,max}$ 用式（4.13）来表示：

$$d_{b,max} = 1.49\left[d^2(u_0 - u_{mf})\right]^{0.4} \tag{4.13}$$

2. 密相区的特性

（1）密相区高度。

流化床中密相区的高度并非投料高度，之所以热态运行时床层将会膨胀，主要是因为乳化相会受热膨胀。另外，运行过程中会产生气泡，气泡的存在增大了料层的体积。膨胀后的床层高度 H_f 可通过式（4.14）进行计算：

$$H_f = H_{em} + H_f\delta_b \tag{4.14}$$

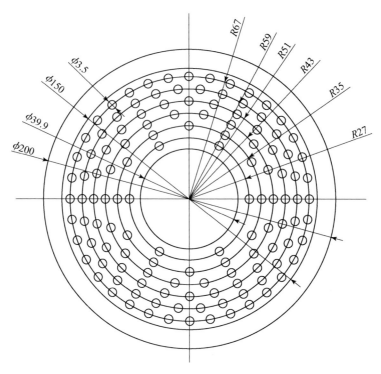

图4.4 布风板的结构

式（4.14）中，H_{em}为乳化相膨胀床高度。对于本书中采用的砂粒、煤粒、生物质颗粒等典型的 Geldart B 类颗粒，乳化相一般不膨胀，即 $H_{em} = H_{mf}$；其中 H_{mf} 为最小流化速度下的床层高度；δ_b 为床层气泡相的体积分数。式（4.14）可转化为式（4.15）：

$$H_f = \frac{H_{mf}(u - u_{mf} + 0.71\sqrt{g\overline{D}_b})}{(u - u_{mf})(1 - Y) + 0.71\sqrt{g\overline{D}_b}} \tag{4.15}$$

式（4.15）中，Y 为修正系数，$\overline{D}_b$ 为全床层的平均气泡直径，可分别表示为以下形式：

$$Y = \frac{u_b \varepsilon_b}{(u - u_{mf})} \tag{4.16}$$

$$\overline{D}_b = \frac{1}{H_f} \int_0^{H_f} D_b \, dH \tag{4.17}$$

（2）临界流化速度、临界空隙率。

临界流化速度 u_{mf} 可由 Ergun 公式得到它的二次方程：

$$\frac{1.75}{\Phi_s \varepsilon_{mf}^3}\left(\frac{d_p u_{mf} \rho_f}{\mu}\right)^2 + \frac{150(1-\varepsilon_{mf})}{\Phi_s^2 \varepsilon_{mf}^3}\left(\frac{d_p u_{mf} \rho_f}{\mu}\right) = \frac{d_p^3 \rho_f (\rho_p - \rho_f) g}{\mu^2} \qquad (4.18)$$

式（4.18）中，Φ_s 为固体颗粒的球形度；ε_{mf} 为临界流化状态时的空隙率，其表达形式如下：

$$\varepsilon_{mf} = 0.478 A_r^{-0.018};177 < A_r < 4\ 030 \qquad (4.19)$$

式（4.19）中，A_r 为准则关系式（Archimedes Number），该关系式包括了颗粒尺寸、颗粒物性参数与气体物性参数，表征了颗粒的流化特性。其表达形式如下：

$$A_r = \frac{\rho_g (\rho_p - \rho_g) g d_p^3}{\mu_g^2} \qquad (4.20)$$

式（4.20）中，ρ_g 为气体密度；ρ_p 为颗粒密度；d_p 为颗粒的平均直径；μ_g 为气体动力黏度。常见气体的物性参数见表 4.1。

表4.1　常见气体的物性参数

名称	空气		烟气		
温度/℃	20	700	800	890	1 000
密度 $\rho_g/(\text{kg} \cdot \text{m}^{-3})$	1.205	0.363	0.323	0.301	0.275
运动黏度 $v_g/(\text{m}^2 \cdot \text{s}^{-1})$	15.06×10^{-6}	112.1×10^{-6}	131.8×10^{-6}	150.5×10^{-6}	174.3×10^{-6}
动力黏度 $\mu_g/(\text{Pa} \cdot \text{s})$	18.15×10^{-6}	40.7×10^{-6}	42.6×10^{-6}	45.3×10^{-6}	47.9×10^{-6}

对方程（4.18）进行简化得到：

$$Re_{mf} = \left[C_1^2 + C_2 A_r \right]^{\frac{1}{2}} - C_1 \qquad (4.21)$$

式（4.21）中，Re_{mf} 为临界流速下的雷诺数，其表示为：

$$Re_{mf} = \frac{d_p u_{mf} \rho_f}{\mu} \qquad (4.22)$$

不同研究者的参数 C_1、C_2 的取值见表 4.2。

表4.2　不同研究者的参数 C_1、C_2 的取值

研究者	C_1	C_2
Wen 和 Yu（284 个实验点数据）	33.7	0.040 8
Richarson	25.7	0.036 5
Saxena 和 Vogel（高温高压大理石）	25.3	0.057 1
Babu 等	25.3	0.065 1

研究者	C_1	C_2
Grace	27.2	0.040 8
Chitster 等（煤焦炭等，压力变化至 64 bar）	28.7	0.049 4

（3）颗粒终端速度。

颗粒终端速度可通过一个理想球体的受力分析得到。假设颗粒是一个自由沉降的光滑球颗粒，它所受到的力主要是重力 F_g、浮力 F_b 和流体对颗粒向上的曳力 F_d。这三个力的综合值决定了该颗粒的运动方向和速度。当 $F_d = F_g + F_b$ 时，颗粒受力平衡，将等速降落，此时的颗粒运动速度 u_t 称为颗粒的自由沉降速度。该速度是指颗粒相对于流体的运动速度，即颗粒终端速度。该速度可表示为：

$$u_t = \left[\frac{4}{3} \frac{gd(\rho_p - \rho_f)}{C_D \rho_f} \right]^{\frac{1}{2}} \tag{4.23}$$

式（4.23）中，C_D 为曳力系数，与终端雷诺数 Re_t 有关，大概在三个不同的区域呈现不同的规律：

滞留区：

$Re_t < 0.4$，C_D 与 Re_t 在双对数坐标上成线性关系：

$$C_D = \frac{24}{Re_t} \tag{4.24}$$

过渡流区：

$Re_t = 2 \sim 500$，C_D 与 Re_t 的关系可近似地用式（4.25）表示：

$$C_D = \frac{18.5}{Re_t^{0.6}} \tag{4.25}$$

湍流区：

$Re_t = 500 \sim 200\,000$，C_D 趋近于常数：

$$C_D = 0.44 \tag{4.26}$$

根据 C_D 曳力系数与终端雷诺数 Re_t 的关系得到球体颗粒终端速度的解析式：

滞留区：

$$u_t = \frac{gd^2(\rho_p - \rho_f)}{18\mu} \tag{4.27}$$

过渡流区：

$$u_t = 0.153 \frac{g^{0.71} d^{1.14} (\rho_p - \rho_f)^{0.7}}{\rho_f^{0.29} \mu^{0.43}} \qquad (4.28)$$

湍流区：

$$u_t = 1.74 \left[\frac{gd(\rho_p - \rho_f)}{\rho_f} \right]^{\frac{1}{2}} \qquad (4.29)$$

（4）密相区内固体颗粒运动特性及参数。

如图 4.5 所示，在密相区中，尾涡区、气泡云相和乳化相中都存在固体颗粒。这些颗粒的运动都是由气泡运动所引起的。一般认为，气泡尾部的尾涡内的颗粒会随着气泡一起上升，因此在本书中假设尾涡内颗粒的上升速度等于气泡的上升速度，即：

$$u_{s,wake} = u_b \qquad (4.30)$$

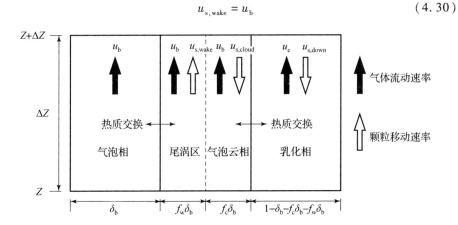

图 4.5　密相区流动示意图

在本书中速度朝上时用"＋"来表示。

随着尾涡区内颗粒上升，气泡会留下空隙，这些空隙需要被乳化相和气泡云相中的颗粒填充，虽然乳化相和气泡云相还存在质交换现象，但是基于质量守恒原理，有：

$$u_{s,cloud} = u_{s,down} = \frac{f_w \delta_b u_b}{1 - \delta_b - f_w \delta_b} \qquad (4.31)$$

穿过乳化相的气体的上升速度可以表示为：

$$u_e = \frac{u_{mf}}{\varepsilon_{mf}} - u_{s,down} \qquad (4.32)$$

3. 密相区模型总体介绍

两相模型是最早被提出来的密相区模型。该模型结构简单，主要将密相区划分为气泡相和乳化相两个区域。乳化相维持在临界流化状态，不能从乳化相中穿过的气体以气泡形式穿过床层。该模型过于简单，若在实验中发现了尾涡区，则气泡云相等部分在该模型中都无法体现，直接导致若使用该模型对密相区进行模拟，则会有很多现象无法解释，模型的模拟准确性无法保证。本书采用的是对两相模型进行修正后的，由 Kunni 和 Levenspiel 提出的三相鼓泡床模型，简称 K－L 鼓泡床模型。

图 4.5 所示的是基于 K－L 鼓泡床模型的密相区流动示意图。在该模型中将密相区划分为气泡相区、气泡云区和乳化相区，其中气泡云区又包括了尾涡区和气泡云相区。其中气泡相区所占份额为 δ_b，尾涡区所占份额为 $f_w\delta_b$，气泡云相区所占份额为 $f_c\delta_b$，乳化相区所占份额为 $1-\delta_b-f_w\delta_b-f_c\delta_b$。

流化床中气流速度较快，一般气泡中的气体流速会高于气泡的上升速度，这部分高出的气体速度称为穿行速度，但是由于相对较小，本书中做简化处理，忽略该部分所产生的影响。假设气泡相、气泡云相和尾涡区的气体的上升速度都是 u_b，而乳化相中的气体流动速度用 u_{ge} 表示。它是由乳化相中的气固相对速度 u_e 和乳化相中的颗粒下降速度 $u_{s,down}$ 所确定的，表达式如下：

$$u_{ge} = u_e - u_{s,down} \tag{4.33}$$

则炉内气体的表观速度 u_0 可写为：

$$u_0 = u_b\delta_b + \delta_b(f_w + f_c)\varepsilon_c u_b + [1 - \delta_b(1 + f_c + f_w)]\varepsilon_e u_{ge} \tag{4.34}$$

式（4.34）中，ε_c 为气泡云中的空隙率，ε_e 为乳化相中的空隙率。一般认为，若以上两个参数与临界状态下的空隙率 ε_{mf} 相同，则截面的气体空隙率可用式（4.35）表示：

$$\varepsilon = \delta_b + \delta_b(f_w + f_c)\varepsilon_c + [1 - \delta_b(1 + f_c + f_w)]\varepsilon_e \tag{4.35}$$

4. 不同相之间的气体交换

在本书所研究的工艺中，碳颗粒和生物质颗粒在炉内发生燃烧和气化反应。这些过程将会导致气泡相、气泡云相与乳化相之间发生大量的热质交换现象。本节主要介绍各相质交换的规律，热交换则在后面章节中介绍。

气泡相与气泡云相之间发生的质交换一部分是由气体川流引起的质交换，另一部分是由气体的浓度差引起的气体扩散，气泡相与气泡云相之间的质交换系数 K_{bc} 可表示为：

$$K_{bc} = 4.5\left(\frac{u_{mf}}{d_b}\right) + 5.85\left(\frac{D^{0.5} g^{0.25}}{d_b^{1.25}}\right) \tag{4.36}$$

气泡云相与乳化相之间的质交换主要依靠气体浓度差所产生的气体扩散，乳化相与气泡云相之间的质交换系数 K_{ce} 可表示为：

$$K_{ce} = 6.77\left(\frac{D\varepsilon_{mf} u_{br}}{d_b^3}\right)^{0.5} \tag{4.37}$$

式（4.37）中，D 为气体的扩散系数，用经验公式（4.38）估算，可表示为：

$$D = 8.677 \times 10^{-5} \frac{T^{1.75}}{P} \tag{4.38}$$

4.2.2　稀相区内的流动子模型

稀相区内的气体和固体流动十分复杂。其模拟的方法可以采用最基本的动力学方程方法进行直接模拟。这种方法在进行局部浓度场计算时具有一定优势，但是由于气固流动的复杂性，该方法的准确性一般。另一个模拟稀相区的方法称为环 – 核流动（core – annulus）模型，该模型认为稀相区由两个区域组成，一是颗粒浓度较低，运动方向随着气流方向的核心区；另一个是颗粒浓度较高的、颗粒运动方向朝下的环形区，环形区内的气流速度很低。床内的气体主要通过核心区流动，具体模型的结构如图 4.6 所示。

本书所建稀相区环 – 核模型基于以下几点简化：①稀相区内的空隙率沿高度方向呈单调指数规律分布；②核心区的固体颗粒和气体来源于密相区，环形区的固体颗粒来源于核心区，是由核心区与环形区发生质交换而形成；③在核心区与环形区之间只发生固体颗粒交换，不发生气体交换，净交换量为核心区传递给环形区。

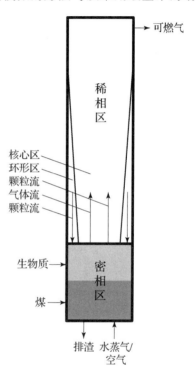

图 4.6　稀相区环 – 核模型

1. 固体颗粒夹带率

本书中，稀相区内的固体颗粒夹带率采用 Wen 和 Chen 提出的关系式进行计算：

$$F(h) = F_\infty + (F_0 + F_\infty)\exp(-ah) \tag{4.39}$$

式（4.39）中，$F(h)$ 为密相区与稀相区交界面以上高度 h 处的固体颗粒夹带率；F_0 为床层表面处的夹带速率；F_∞ 为 TDH 处的夹带速率，TDH 为沉降分离高度。它是稀相区的一个重要参数，若高于 TDH 值，则稀相区内的固体颗粒浓度不再随着稀相区高度的增加而改变；a 为固体颗粒衰减指数，平均值为 6.4 m^{-1}。

$$F_0 = 3.07 \times 10^{-9} A_t d_b \rho_g \left(\frac{u_0 - u_{mf}}{v} \right) \tag{4.40}$$

式（4.40）中，d_b 为床层表面处的气泡直径；A_t 为床层截面积；ρ_g 为气体密度；v 为气体运动黏滞系数，$v = \dfrac{\mu}{\rho_g}$。

$$TDH = 4.47 \sqrt{d_{es}} \tag{4.41}$$

式（4.41）中，d_{es} 为床层表面处的气泡直径。

$$\frac{F_\infty}{\rho_g (u_0 - u_t)} = 0.634\,7 \left(\frac{u_0 - u_t}{u_t} \right)^{0.964\,9} \left[\frac{(u_0 - u_t)^2}{g d_p} \right]^{-0.276\,4} \left(\frac{d_p u_t \rho_g}{\mu} \right)^{0.491\,1} \tag{4.42}$$

式（4.42）中，u_0 为表观速度；u_t 为终端速度。计算夹带速度时，其终端速度可以按式（4.43）进行计算：

$$u_t = \begin{cases} \dfrac{g(\rho_p - \rho_g) d_p^2}{18\mu} & Re_t \leqslant 0.4 \\[3mm] \left[\dfrac{4}{225} \dfrac{(\rho_p - \rho_g)^2 g^2}{\rho_g \mu} \right]^{\frac{1}{3}} d_p & 0.4 < Re_t \leqslant 500 \\[3mm] \left[\dfrac{3.1 g (\rho_p - \rho_g) d_p}{\rho_g} \right]^{\frac{1}{2}} & 500 < Re_t \leqslant 2 \times 10^5 \end{cases} \tag{4.43}$$

2. 环形区厚度

影响环形区厚度的因素很多，如炉内的温度、气流速度、稀相区截面尺寸和颗粒的粒径大小等。本书采用 Werther 提出的经验公式（4.44）进行计算：

$$\frac{\delta}{d_t} = 0.55 Re^{-0.22} \left(\frac{H}{d_t} \right)^{0.21} \left(\frac{H - h}{H} \right)^{0.73} \tag{4.44}$$

式（4.44）中，d_t 为稀相区截面直径。

3. 核心区和环形区中气体流速

在本书中，根据 Snecal 提出的速度分布方程计算环形区内平均气体流速 u_{ga} 为：

$$u_{ga} = \frac{u_0}{1 - \sigma^2} \left[1 - \sigma^2 \left(\frac{n+2}{n} - \frac{2}{n} \sigma^n \right) \right] \tag{4.45}$$

式（4.45）中，σ 为核心区直径与稀相区截面直径之比；n 的取值如下：

$$n = \begin{cases} 2 & Re \leqslant 2\,300 \\[3mm] -3.764 \ln \left(\dfrac{Re}{2\,300} \right) - \dfrac{10.73}{\dfrac{Re}{2\,300}} + 14.163\,4 & 2\,300 < Re \leqslant 6\,000 \\[3mm] 6.8 & Re > 6\,000 \end{cases} \tag{4.46}$$

核心区平均气体流速 u_{gc} 与环形区平均气体流速 u_{ga} 之间的关系如下：

$$u_g = \sigma^2 u_{gc} + (1 - \sigma^2) u_{ga} \qquad (4.47)$$

所以核心区平均气体流速 u_{gc} 为：

$$u_{gc} = \frac{u_0 - (1 - \sigma^2) u_{ga}}{\sigma^2} \qquad (4.48)$$

4. 核心区颗粒运动速度 u_{pc} 和环形区颗粒运动速度 u_{pa}

前文中已做相应的简化，即在核心区颗粒运动方向与气流方向相同，气体和颗粒的速度差假设为终端速度，有：

$$u_{pc} = u_{gc} - u_t \qquad (4.49)$$

环形区内的颗粒速度 u_{pa} 向下，但是该速度目前无法通过理论方法得到，而是采用前人的经验数值，一般为 $1 \sim 2$ m/s。

5. 稀相区的空隙率

稀相区内的空隙率的分布在轴向和径向都是不同的，其规律十分复杂，这也是建立环–核模型十分关键的一方面。关于径向空隙率的部分经验公式，有许多研究者提出了不同的或改进的关联式。经过研究，本模型采用 Zhang 提出的表达式：

$$\varepsilon(r) = \bar{\varepsilon}^{\left[0.191 + \left(\frac{r}{R} \right)^{0.25} + 3\left(\frac{r}{R} \right)^{11} \right]} \qquad (4.50)$$

式（4.50）中，$\bar{\varepsilon}$ 为轴向平均空隙率，轴向平均空隙率一般认为呈 S 形分布，即床层顶部空隙率大，为颗粒稀相区；床层底部空隙率小，为颗粒密相区。由于稀相和密相之间有一个拐点，因此本书采用李佑楚等提出的空隙率分布模型进行计算：

$$\frac{\bar{\varepsilon} - \varepsilon_{mf}}{\varepsilon_1 - \bar{\varepsilon}} = \exp\left[-\frac{(h - h_i)}{h_0} \right] \qquad (4.51)$$

式（4.51）中的特性参数如下：

ε_1 为稀相极限空隙率。

$$\varepsilon_1 = 0.924 \left(\frac{18 Re_p + 2.7 Re_p^{1.687}}{A_r} \right)^{0.0287} \qquad (4.52)$$

h_0 为特征长度。

$$h_0 = 500 \exp\left[-69(\varepsilon_1 - \varepsilon_{mf}) \right] \qquad (4.53)$$

h_i 为转折点高度。

$$h_i = H - 175.4 \left[\frac{\rho_g (u_g - u_p)^2}{(\rho_p - \rho_g) d_p g} \right]^{-1.922} \qquad (4.54)$$

u_p 为颗粒表观速度。

$$u_p = \frac{G_s}{\left[(1-\varepsilon_{mf})(\rho_p-\rho_g)\right]} \quad (4.55)$$

G_s 为被气流携带走的颗粒量。

6. 固体颗粒的径向混合

核心区向环形区的固体颗粒传递速率 $f_1(\mathrm{m/s})$ 和环形区向核心区的固体颗粒传递速率 $f_2(\mathrm{m/s})$ 采用白丁荣通过实验所拟合出的经验公式（4.56）进行计算：

$$\frac{f_1 D_t \rho_g}{\mu_g} = 7.67 m^{-0.75} Re^{1.042} F_r^{-0.702} A_r^{-0.486} \quad (4.56)$$

式（4.56）中，m 为气固比：

$$m = \frac{\rho_g u_0}{G_s} \quad (4.57)$$

|4.3 热解子模型|

由于煤和生物质在复合串行气化过程中的燃烧阶段和气化阶段有不同的作用，因此燃烧阶段往炉内通入煤后，煤立即发生热解，其产物焦炭一部分用于燃烧，未燃尽部分用于气化，所以在燃烧阶段必须通过热解模型计算出燃烧产物，特别是产物中的焦炭含量。而对于生物质，由于只有在气化阶段才通入炉内，其热解反应只发生在气化阶段，且热解气将会对最后的产气成分产生重要影响，所以准确地描述煤和生物质的热解产物十分重要。

在本工艺中，生物质或煤进入炉内首先进行的是热解反应过程。该过程根据加热速率的不同可以分为慢速热解、快速热解、闪速热解和超快速热解。对于不同的热解条件，每个过程都有其特有的产物。慢速热解主要用于焦炭生产，而快速热解则主要用于生产生物油和热解气。快速热解有两种主要类型：闪速热解和超快速热解。表4.3为不同热解过程的特征。

表4.3 不同热解过程的特征

热解过程	热解时间	加热速率	最终温度/℃	产物
慢速热解	10~60 min	非常慢	280	焦炭
快速热解	<2 s	非常快	500	生物油

热解过程	热解时间	加热速率	最终温度/℃	产物
闪速热解	< 1 s	快	< 650	生物油和热解气
超快速热解	< 0.5 s	非常快	约 1 000	焦炭和热解气

由表 4.3 可知，本书所研究的生物质与煤复合串行气化过程中，物料进入炉内时，炉内温度一般为 900 ~ 1 000 ℃，属于超快速热解的范围。由于其热解时间极短，小于 0.5 s，所以在进行动力学研究时假定热解是瞬间完成的。

相关的热解产物预测模型也很多，其中得到公认的模型是 Merrick 提出的。本书采用 Merrick 的模型进行计算。热解产物与煤和生物质的可燃基之间存在元素平衡关系，元素平衡矩阵方程组可写为方程（4.58）：

$$
\begin{bmatrix}
C_{coke} & 0.75 & 0.428\,6 & 0.272\,7 & C_t & 0 & 0 & 0 & 0 \\
H_{coke} & 0.25 & 0 & 0 & H_t & 1 & 0.111 & 0 & 0.058\,8 \\
O_{coke} & 0 & 0.571\,4 & 0.727\,3 & O_t & 0 & 0.888\,9 & 0 & 0 \\
N_{coke} & 0 & 0 & 0 & N_t & 0 & 0 & 1 & 0 \\
S_{coke} & 0 & 0 & 0 & S_t & 0 & 0 & 0 & 0.941\,2 \\
1 & 0 & 0 & 0 & 0 & 0 & 0 & 0 & 0 \\
0 & 1 & 0 & 0 & 0 & 0 & 0 & 0 & 0 \\
0 & 0 & 1 & 0 & 0 & 0 & 0 & 0 & 0 \\
0 & 0 & 0 & 1 & 0 & 0 & 0 & 0 & 0
\end{bmatrix}
\begin{bmatrix}
char \\ CH_4 \\ CO \\ CO_2 \\ tar \\ H_2 \\ H_2O \\ N_2 \\ H_2S
\end{bmatrix}
=
\begin{bmatrix}
C_{daf} \\ H_{daf} \\ O_{daf} \\ N_{daf} \\ S_{daf} \\ 1-V \\ x_1 4H_{daf} \\ x_2 1.75 O_{daf} \\ x_3 1.375 O_{daf}
\end{bmatrix}
$$

$$(4.58)$$

其中，焦油的分子式用 $C_6H_{6.2}O_{0.2}$ 表示，C_{coke}、H_{coke}、O_{coke}、N_{coke}、S_{coke} 为煤半焦或生物质半焦可燃基中 C、H、O、N、S 各元素的质量分数；C_t、H_t、O_t、N_t、S_t 为焦油中 C、H、O、N、S 各元素的质量分数；C_{daf}、H_{daf}、O_{daf}、N_{daf}、S_{daf} 为煤或生物质可燃基中 C、H、O、N、S 各元素的质量分数；x_1 表示热解产物中 CH_4 的 H 元素含量占原煤（生物质）中 H 元素含量的质量分数；x_2、x_3 分别表示热解产物中 CO 及 CO_2 的 O 元素含量占煤（生物质）中 O 元素含量的质量分数。经验数值 x_1、x_2、x_3 需要经过制取煤（生物质）半焦后进行元素分析得到。

|4.4 燃烧子模型|

燃烧阶段的反应主要是焦炭的燃烧。在该过程中，进入炉膛的氧气扩散到焦炭颗粒的表面并与之反应，生成 CO 和 CO_2。在本书中，假设焦炭在燃烧的过程中其粒径不发生变化，且燃烧过程中除考虑气体扩散和化学反应产生的影响外，热解气也会参与燃烧反应。这些反应总的来说可以分为均相反应和非均相反应。

1. 均相反应

对于气体的均相燃烧反应，在本书中考虑下面 4 个反应：

$$R1 \qquad CO + \frac{1}{2}O_2 \xrightarrow{\;r_1\;} CO_2 \tag{4.59}$$

$$R2 \qquad H_2 + \frac{1}{2}O_2 \xrightarrow{\;r_2\;} H_2O \tag{4.60}$$

$$R3 \qquad CO + H_2O \xrightarrow{\;r_3\;} H_2 + CO_2 \tag{4.61}$$

$$R4 \qquad CH_4 + 2O_2 \xrightarrow{\;r_4\;} 2H_2O + CO_2 \tag{4.62}$$

上述反应作为二级反应来处理。各反应的反应速率用 r_j 来表示：

$$r_j = k_{gj}C_A C_B \tag{4.63}$$

式（4.63）中，C_A、C_B 表示在每个反应中反应物的摩尔浓度，k_{gj} 表示在每个反应的反应速率常数，可以表述为阿伦尼乌斯方程的形式：

$$k_{gj} = k_{goj}\exp\left(-\frac{E_{gj}}{RT}\right) \tag{4.64}$$

式（4.64）中，k_{goj} 为频率因子 $[m^3/(kmol \cdot s)]$，E_{gj} 为活化能（kJ/kmol），经查阅相关资料得到均相反应的动力学参数如下：

$$r_1 = 3.09 \times 10^4 \exp\left(-\frac{9.976 \times 10^4}{RT}\right)C_{CO}C_{O_2} \tag{4.65}$$

$$r_2 = 8.83 \times 10^8 \exp\left(-\frac{9.976 \times 10^4}{RT}\right)C_{H_2}C_{O_2} \tag{4.66}$$

$$r_3 = 2.978 \times 10^9 \exp\left(-\frac{3.69 \times 10^5}{RT}\right)C_{CO}C_{H_2O} \tag{4.67}$$

$$r_4 = 2.552 \times 10^{14} \exp\left(-\frac{9.304 \times 10^5}{RT}\right)C_{CH_4}C_{O_2} \tag{4.68}$$

2. 非均相反应

焦炭颗粒的燃烧过程是十分复杂的。下面是碳周围发生一系列反应的反应方程：

$$C + O_2 \rightarrow CO_2 \tag{4.69}$$

$$C + \frac{1}{2}O_2 \rightarrow CO \tag{4.70}$$

$$CO + \frac{1}{2}O_2 \rightarrow CO_2 \tag{4.71}$$

$$CO_2 + C \rightarrow 2CO \tag{4.72}$$

目前，多数学者认为焦炭的一次燃烧的产物同时包括了 CO 和 CO_2，据此可将焦炭燃烧反应的方程表述为：

$$R5 \qquad C + \frac{1}{\phi}O_2 \xrightarrow{r_c} \left[2 - \frac{2}{\phi}\right]CO + \left[\frac{2}{\phi} - 1\right]CO_2 \tag{4.73}$$

式（4.73）中，ϕ 为反应机理因子：

$$\phi = \begin{cases} 1.0 & d_p > 0.1\ \mathrm{cm} \\ \dfrac{2Z + 2 - \dfrac{Z}{0.095}(100d_p - 0.05)}{Z + 2} & 0.05\ \mathrm{cm} \leqslant d_p \leqslant 0.1\ \mathrm{cm} \\ \dfrac{2Z + 2}{Z + 2} & d_p < 0.05\ \mathrm{cm} \end{cases} \tag{4.74}$$

式（4.74）中，参数 Z 为：

$$Z = 2\,500\exp\left[-\left(\frac{6\,249}{T_p}\right)\right] \tag{4.75}$$

式（4.75）中，T_p 为碳颗粒表面温度：

$$T_p = T_f + 66\,000C_{o_2} \tag{4.76}$$

式（4.76）中，T_f 为炉膛温度。

焦炭燃烧反应速率 r_c 可表示为：

$$r_c = k_c C_{o_2} = \frac{C_{o_2}}{\dfrac{1}{k_s} + \dfrac{1}{\phi k_{\mathrm{diff}}}} \tag{4.77}$$

式（4.77）中，C_{o_2} 为主气流中的氧气浓度；k_c 为焦炭燃烧反应速率常数，该常数由两部分组成，一部分是焦炭表面反应速度，它与煤种和焦炭表面温度有关；另一部分则是气体扩散速率常数，主要是因为煤发生热解变成焦炭的过程中有大量的热解气体产生。这些气体物质离开煤后所遗留下来的空位使得焦炭变成了一种多孔物质，其比表面积非常大。这部分氧气扩散到焦炭内发生燃烧反应不可忽略。k_s 为焦炭表面反应速率常数；k_{diff} 为气体扩散速率常数。

$$k_s = k_0 T_m \exp\left[-\frac{E_c}{R_g T_p} \right] \tag{4.78}$$

式（4.78）中，k_0 为频率因子；T_m 为碳颗粒表面温度与流化床床温的算术平均值；E_c 为焦炭的活化能。

$$k_{diff} = \frac{Sh \cdot D_g}{d_p} \tag{4.79}$$

式（4.79）中，D_g 为氧的扩散系数；Sh 为宣乌特数，它反映了焦炭颗粒边界层的气体传质对燃烧的影响。

$$Sh = 2\varepsilon + 0.69 \left(\frac{Re}{\varepsilon}\right)^{0.5} Sc^{0.33} \tag{4.80}$$

式（4.80）中，Re 为雷诺数；Sc 为斯密特数：

$$Re = \frac{(u_g - u_p) d_p \rho_g}{\mu} \tag{4.81}$$

$$Sc = \frac{D_g \rho_g}{\mu} \tag{4.82}$$

式（4.82）中，μ 为气体的动力黏度；u_g 和 u_p 分别表示气体和焦炭颗粒的运动速度。

|4.5 气化子模型|

本书所研究的生物质与煤复合串行气化过程中，气化阶段是产生富氢燃气的过程，也是本工艺最重要的过程。气化剂水蒸气进入炉内首先与燃烧阶段未燃尽的煤焦炭颗粒发生气化反应，所产气体以及未反应的水蒸气再与生物质焦炭颗粒发生气化反应。这里涉及焦炭与气体之间的非均相反应和气体之间的均相反应，准确地对这些化学反应进行描述是本工艺数学模型的核心。

1. 均相反应

在生物质与煤复合串行气化过程中主要涉及的均相反应是水煤气反应（Shift Reaction）。高温的碳和水蒸气发生反应生成 CO，然后 CO 再与水蒸气作用，发生以下反应：

$$R6 \qquad CO + H_2O \xrightarrow{r_6} CO_2 + H_2 \tag{4.83}$$

该反应实际上是在焦炭颗粒表面进行的均相反应，很少在气相中进行，在400 ℃以上即可发生，在900 ℃时与水蒸气分解的速率接近。理论上当反应温度超过 1 400 ℃时该反应的速率很快，但是由于原料特性的限制，一般气化炉的温度都不能达到该值。该反应具体的反应速率如下：

式（4.83）中，r_6 为反应速率：

$$r_6 = kC_{H_2O}C_{CO} - \frac{k}{k_{eq}}C_{CO_2}C_{H_2} \tag{4.84}$$

式（4.84）中，k 为反应速率常数：

$$k = 2.978 \times 10^{12} \exp\left(-\frac{3.69 \times 10^5}{RT}\right) \tag{4.85}$$

k_{eq} 为该反应的平衡常数：

$$k_{eq} = \exp\left(-3.777\,4 + \frac{4\,118.6}{T}\right) \tag{4.86}$$

2. 非均相反应

焦炭气化过程的机理十分复杂，也有大量的学者对其做了研究，表 4.4 为焦炭气化过程动力学模型，可以发现模型的形式差异较大，并没有一个通用的模型适合每一种气化炉。

表 4.4　焦炭气化过程动力学模型

模型名	模型缩写	反应速率方程 $f(X)$	参数
Uniform conversion model	UCM	1	—
Shrinking models or grain model	SCMs	$(1-X)^{-1/3}$	—
Random pore model	RPM	$(1-\psi\ln(1-X))^{-1/2}$	ψ
Extended random pore model	ERPM	$(1-\psi\ln(1-X))^{-1/2}(1+(cx)^P)$	ψ, c, P
Simons model	SM	$(X+\alpha(1-X))^{-1/2}$	α
Johnson model	JM	$(1-X)^{-1/3}\exp(\alpha X^2)$	α
Dutta model	DM	$1 \pm 100X^{\gamma\beta}\exp(-\beta X)$	γ, β
Gardner model	GM	$\exp(aX)$	a
Modified volumetric model	MVM	$a^{1/b}[-\ln(1-X)]^{(b-1)/b}$	a, b
Empirical potential model	EPM	$(1-X)^\alpha$	α

经过研究发现，其中的 JM 模型运用于本工艺的数学模型中可以取得较准确的结果，该模型是 Johnson 根据在热天平装置上进行的几百次实验提出的一个经验动力学关系式。这个模型假定焦炭在含 $H_2 - H_2O$ 的气氛中可能发生相

互独立的三个气化反应:

$$R7 \qquad C + H_2O \xrightarrow{r_7} CO + H_2 \qquad (4.87)$$

$$R8 \qquad C + 2H_2 \xrightarrow{r_8} CH_4 \qquad (4.88)$$

$$R9 \qquad C + \frac{1}{2}H_2 + \frac{1}{2}H_2O \xrightarrow{r_9} \frac{1}{2}CH_4 + \frac{1}{2}CO \qquad (4.89)$$

式（4.87）~ 式（4.89）中，r_7、r_8、r_9 分别为 R7、R8、R9 的反应速率。

$$r_7 = \frac{\rho_o M_C}{mw_C} f_L K_7 (1-x)^{\frac{2}{3}} \exp(-\alpha x^2) \qquad (4.90)$$

$$r_8 = \frac{\rho_o M_C}{mw_C} f_L K_8 (1-x)^{\frac{2}{3}} \exp(-\alpha x^2) \qquad (4.91)$$

$$r_9 = \frac{\rho_o M_C}{mw_C} f_L K_9 (1-x)^{\frac{2}{3}} \exp(-\alpha x^2) \qquad (4.92)$$

根据 JM 模型，将以上三个反应的总的碳转化速率用以下方程表示:

$$r(x) = \frac{dx}{dt} = f_L K_T (1-x)^{\frac{2}{3}} \exp(-\alpha x^2) \qquad (4.93)$$

式（4.90）~ 式（4.92）中，ρ_o 为焦炭的密度（kg/m^3）；M_C 为焦炭中碳的质量份额；mw_C 为碳的摩尔质量（kg/kmol）；α 为动力学参数。其表达式如下:

$$\alpha = \frac{52.7 p_{H_2}}{1 + 54.3 p_{H_2}} + \frac{0.521 p_{H_2}^{\frac{1}{2}} p_{H_2O}}{1 + 0.707 p_{H_2O} + 0.5 p_{H_2}^{\frac{1}{2}} p_{H_2O}} \qquad (4.94)$$

式（4.94）中，p_i 为第 i 种气体的分压力（bar）。

在 JM 模型中常用到压力参数，但是由于压力值是不易测量的参数，因此本书将其转化为易测量的摩尔浓度进行表述。假设参加气化反应的气体为理想气体，以下等式成立:

$$C_i = \frac{p_i}{RT_g} \qquad (4.95)$$

式（4.95）中，C_i 为第 i 种气体的摩尔浓度（kmol/m^3）；p_i 为第 i 种气体的分压力（kPa）；R 为普适气体常数（$R = 8.31$ kJ/(kmol·K)）；T_g 为气体温度（K）。

由于 JM 模型中采用了不好测量的压力 p_i 作为参数，其单位为 bar。由于气化炉运行时处于微正压状态，因此可将炉内气体视为理想气体处理，所以本书中考虑将不好测量的压力参数转化为好测量的浓度参数进行计算，而在理想气体转化的公式（4.95）中，p_i 的单位是 kPa，所以需要将公式（4.95）进行一定的变形:

$$p_i = \frac{1}{100} C_i R T_{\text{g}} \tag{4.96}$$

将式（4.96）代入式（4.94）中得到

$$\alpha = \frac{0.527 \cdot C_{\text{H}_2} \cdot T}{1 + 0.543 \cdot C_{\text{H}_2} \cdot T} + \frac{12.48 (C_{\text{H}_2} \cdot T)^{\frac{1}{2}} (C_{\text{H}_2\text{O}} \cdot T)}{1 + 5.875 \cdot C_{\text{H}_2\text{O}} \cdot T + 11.977 (C_{\text{H}_2} \cdot T)^{\frac{1}{2}} (C_{\text{H}_2\text{O}} \cdot T)}$$
$$\tag{4.97}$$

f_{L} 为相对活性因子，它依赖于煤焦类型和煤焦预处理温度。

$$f_{\text{L}} = f_{\text{L}}^0 \exp\left[-\frac{9\,340}{R}\left(\frac{1}{T_{\text{f}}} - \frac{1}{T_{\text{P}}}\right)\right] \tag{4.98}$$

式（4.98）中，T_{f} 为炉膛温度（K）；T_{P} 为焦炭颗粒温度（K）；f_{L}^0 为相对反应因子，该参数与焦炭的种类有关，其表达式为：

$$f_{\text{L}}^0 = 6.2 Y (1 - Y) \tag{4.99}$$

式（4.99）中，Y 为原煤（daf）的含碳量。

K_7 为 R7 的反应速率常数，其表达式为：

$$K_7 = \frac{\exp\left(9.020\,1 - \dfrac{12\,910}{T}\right)\left(1 - \dfrac{p_{\text{CO}} p_{\text{H}_2}}{p_{\text{H}_2\text{O}} K_{\text{eq},7}}\right)}{\left[1 + \exp\left(-22.216 + \dfrac{24\,881}{T}\right)\left(\dfrac{1}{p_{\text{H}_2\text{O}}} + 16.35 \dfrac{p_{\text{H}_2}}{p_{\text{H}_2\text{O}}} + 43.5 \dfrac{p_{\text{CO}}}{p_{\text{H}_2\text{O}}}\right)\right]^2}$$

$$= \frac{\exp\left(9.020\,1 - \dfrac{12\,910}{T}\right)\left(1 - \dfrac{0.083\,1 \cdot C_{\text{CO}} \cdot C_{\text{H}_2} \cdot T}{C_{\text{H}_2\text{O}} \cdot K_{\text{eq},7}}\right)}{\left[1 + \exp\left(-22.216 + \dfrac{24\,881}{T}\right)\left(\dfrac{1}{0.083\,1 \cdot C_{\text{H}_2\text{O}} \cdot T} + 16.35 \dfrac{C_{\text{H}_2}}{C_{\text{H}_2\text{O}}} + 43.5 \dfrac{C_{\text{CO}}}{C_{\text{H}_2\text{O}}}\right)\right]^2}$$
$$\tag{4.100}$$

K_8 为 R8 的反应速率常数，其表达式为：

$$K_8 = \frac{p_{\text{H}_2}^2 \exp\left(2.674\,1 - \dfrac{13\,672}{T}\right)\left[1 - \left(\dfrac{p_{\text{CH}_4}}{p_{\text{H}_2}^2 K_{\text{eq},8}}\right)\right]}{1 + p_{\text{H}_2} \exp\left(-10.452 + \dfrac{11\,098}{T}\right)}$$

$$= \frac{(0.083\,1 \cdot C_{\text{H}_2} \cdot T)^2 \exp\left(2.674 - \dfrac{13\,672}{T}\right)\left[1 - \left(\dfrac{C_{\text{CH}_4} \cdot T}{0.083\,1 \cdot (C_{\text{H}_2} \cdot T)^2 K_{\text{eq},8}}\right)\right]}{1 + (0.083\,1 \cdot C_{\text{H}_2} \cdot T) \exp\left(-10.452 + \dfrac{11\,098}{T}\right)}$$
$$\tag{4.101}$$

K_9：R9 的反应速率常数，其表达式为：

$$K_9 = \frac{p_{H_2}^{\frac{1}{2}} p_{H_2O} \exp\left(12.446\ 3 + \dfrac{20\ 043}{T}\right)\left[1 - \left(\dfrac{p_{CH_4} p_{CO}}{p_{H_2} p_{H_2O} K_{eq,9}}\right)\right]}{\left[1 + \exp\left(-6.667\ 6 + \dfrac{8\ 443}{T}\right)\left(p_{H_2}^{\frac{1}{2}} + 0.85 p_{CO} + 18.62\ \dfrac{p_{CH_4}}{p_{H_2}}\right)\right]^2}$$

$$= \frac{(0.083\ 1 \cdot C_{H_2} \cdot T)^{\frac{1}{2}}(0.083\ 1 \cdot C_{H_2O} \cdot T)\exp\left(12.446 + \dfrac{20\ 043}{T}\right)\left[1 - \left(\dfrac{C_{CH_4} C_{CO}}{C_{H_2O} C_{H_2} K_{eq,9}}\right)\right]}{\left[1 + \exp\left(-6.667\ 6 + \dfrac{8\ 443}{T}\right)\left((0.083\ 1 \cdot C_{H_2} \cdot T)^{\frac{1}{2}} + (0.070\ 6 \cdot C_{CO} \cdot T) + 18.62\ \dfrac{C_{CH_4}}{C_{H_2}}\right)\right]^2}$$

$$(4.102)$$

$K_{eq,7}$ 为 R7 的平衡常数，其表达式为：

$$K_{eq,7} = 10^{\left(7.49 - \frac{7\ 070}{T}\right)}$$

$$(4.103)$$

$K_{eq,8}$ 为 R8 的平衡常数，其表达式为：

$$K_{eq,8} = 10^{\left(-5.373 + \frac{4\ 723}{T}\right)}$$

$$(4.104)$$

$K_{eq,9}$ 为 R9 的平衡常数，其表达式为：

$$K_{eq,9} = K_{eq,7} K_{eq,8}$$

$$(4.105)$$

K_T 为气化阶段非均相反应的总的反应速率常数，其表达式为：

$$K_T = K_7 + K_8 + K_9$$

$$(4.106)$$

|4.6 多区温度模型|

在流化床气化炉中，床温对气化效果有直接影响，要得到气化炉内温度的分布需要对炉内的传热规律进行准确的描述，但是传热的过程十分复杂，首先炉中的气体、固体颗粒和炉壁之间会有热量传递，其次这个热量传递的机理又包括了热传导、热对流和热辐射等多种组合。要准确地描述气化炉内的传热问题需要从以下三个方面着手：①颗粒对流换热；②气体对流换热；③辐射换热。下面简要介绍气化炉内这三种主要的换热途径。

之所以对流化床中的颗粒传热采用颗粒团的形式进行研究，是因为通过实验观察发现在流化床中的固体颗粒会聚集形成颗粒团，其温度与床层温度相同。当颗粒团移动到炉壁附近时，与炉壁之间温差较大，热量将以热传导的方式由颗粒团向炉壁转移。颗粒在运行时既会靠近炉壁也会离开炉壁，离开时会有新的颗粒团来填补原颗粒团离开而产生的空缺位置，因此颗粒团在炉壁处的停留时间对于传热就十分重要，它会对颗粒团与炉壁的温差产生较大的影响，颗粒团在炉壁附近的时间越长，二者之间的温差就越小；反之，二者的温差越大，传热速率也就越大。颗粒的尺寸也对传热有影响，颗粒越小，其比表面积越大，传热时的接触面积也就越大，所以其传热也就越激烈。

与固体颗粒的热传导机理不同，气体的传热以对流换热为主。一般认为，在密相区内，颗粒的浓度较高，炉内的传热以颗粒的热传导为主、气体热对流为辅，而在稀相区则不同，由于颗粒浓度较低，在该区域内的传热以气体的热对流为主。这主要是由于稀相区中少量固体颗粒的存在导致的气体扰动，使气流处于湍流状态，因此加强了对流传热。

辐射传热也是一种重要的传热方式，特别是当炉内拥有较高温度时，辐射传热就变得更重要了。特别是稀相区颗粒浓度减小后，热传导和热对流的作用也都减小了。此时，热辐射将在总传热量中占到较高的比重。

鉴于传热过程的复杂性，目前还没有开发出与实际完全吻合的传热过程数学模型。下面介绍几类相对合理的传热理论模型。这些模型的模拟结果在一定条件下与实验结果能够较好地吻合。

1. 颗粒团更新模型

关于流化床的传热问题的研究，目前被普遍接受的一种观点是颗粒团更新理论，如 Basu 的颗粒团更新传热模型、Mahalingam 的乳化层传热模型都是基于这种理论。该理论的主要观点认为在密相区流化床床层与壁面的传热是由于有颗粒团的存在，颗粒团与壁面的热传导是其主要的传热原因，而在稀相区，由于颗粒浓度降低，因此这部分的传热以气体的对流传热和辐射传热为主，但是在炉内，其传热都是三种传热方式共同作用的结果，只是不同区域内占主导地位的传热方式不同而已。这是目前普遍被接受的一种观点。

2. 气体间接传热模型

研究者 Wirth 和 Molerus 依据其实验测试所观察到的现象，认为颗粒并不能通过与炉壁直接接触进行热传递，而是在颗粒与炉壁之间存在一个气层，热量需要通过这个气层进行传递。这个过程是对流换热过程，这被称为气体间接传热理论。产生这种理论的主要原因是在实验室观察到在稀相区炉壁面和该区域下降流动的颗粒之间存在厚度为 $0.2 \sim 0.7$ mm 的气层。另外，用不同的固体颗粒在相同 A_r 数下进行实验的结果显示，固体颗粒与炉壁的传热量与固体颗粒的导热系数和热容量等参数没有显著相关性。

3. 微分模型

微分模型是研究者基于流动和传热的基本方程所建立的模型。这些模型只有在特定的条件下才能达到一定的准确度，不具备通用性。

由于温度对密相区和稀相区的反应机理会产不同的影响，因此下面依据上述介绍的模型特点，分别介绍密相区和稀相区的常规模拟方法。

4.6.1　密相区内的传热模型

基于密相区的流动模型，其传热模型一般参考的是鼓泡床传热模型。

密相区总传热系数由乳化相的对流传热系数、乳化相的辐射传热系数和炉膛结构特性系数组成：

$$h_{w} = \xi (h_{ed} + h_{ef}) \tag{4.107}$$

式（4.107）中，ξ 为炉膛结构特性系数；h_{ed} 为乳化相的对流传热系数；h_{ef} 为乳化相的辐射传热系数；h_{w} 为总传热系数。

基于颗粒团更新理论，颗粒团与壁面直接接触传递热量，这个过程中需要考虑颗粒团自身的热阻和颗粒团与壁面之间的接触热阻，所以式（4.107）中 h_{ed} 乳化相的对流传热系数可表示为：

$$h_{ed} = \frac{1 - f_{p}}{R_{1} + 0.45 R_{2}} \tag{4.108}$$

式（4.108）中，R_{1} 为颗粒与壁面之间的接触热阻；R_{2} 为颗粒团自身的热阻；f_{p} 为气泡贴近壁面的时间份额。

颗粒与壁面之间的接触热阻 R_{1} 按式（4.109）进行计算：

$$R_{1} = \frac{\overline{d_{p}}}{3.75 \lambda_{e}} \tag{4.109}$$

式（4.109）中，$\overline{d_{p}}$ 为料层颗粒的平均直径；λ_{e} 为乳化相的有效导热系数。

颗粒团自身的热阻为：

$$R_{2} = \sqrt{\frac{\pi \tau_{e}}{4 \rho_{e} \lambda_{e} C_{e}}} \tag{4.110}$$

式（4.110）中，ρ_{e} 为乳化相的密度；C_{e} 为乳化相的比热；λ_{e} 表示乳化相的有效导热系数。

乳化相的有效导热系数可表示为：

$$\lambda_{e} = \lambda_{e}^{*} + 0.1 \overline{d_{p}} u_{mf} \rho_{g} C_{g} \tag{4.111}$$

$$\lambda_{e}^{*} = \lambda_{g} \left[1 + \frac{\varepsilon_{c} \left(1 - \frac{\lambda_{g}}{\lambda_{p}} \right)}{\frac{\lambda_{g}}{\lambda_{p}} + 0.28 \varepsilon_{c}^{0.63 \left(\frac{\lambda_{g}}{\lambda_{p}} \right)^{0.18}}} \right] \tag{4.112}$$

式（4.112）中，ε_{c} 为乳化相空隙率；λ_{g} 为烟气的导热系数；λ_{p} 为固体颗粒的导热系数；C_{g} 为烟气的比热。

乳化相的颗粒浓度为：

$$\rho_{rh} = (1 - \varepsilon_{mf}) \rho_p + \varepsilon_{mf} \rho_g \qquad (4.113)$$

乳化相的比热为：

$$C_{rh} = (1 - \varepsilon_{mf}) C_p + \varepsilon_{mf} C_g \qquad (4.114)$$

颗粒团贴壁时间 τ_e 为：

$$\tau_e = 8.932 \left[\frac{g \overline{d_p}}{U_{mf}^2 (W - 1)^2} \right]^{0.0756} \left(\frac{\overline{d_p}}{0.025} \right)^{0.5} \qquad (4.115)$$

气泡贴近壁面的时间份额 f_p 为：

$$f_p = 0.08553 \left[\frac{U_{mf}^2 (W - 1)^2}{g \overline{d_p}} \right]^{0.1948} \qquad (4.116)$$

式（4.116）中，W 为流化数，其值为密相区的表观截面气流速度与最小流化速度的比值。

乳化相的辐射传热系数为：

$$h_f = 5.67 \times 10^{-8} \varepsilon_w \frac{(T_{yx} + 273)^4 - (T_w + 273)^4}{T_b - T_w} \qquad (4.117)$$

式（4.117）中，ε_w 为传热壁面的黑度，一般可取 0.8；T_{yx} 为床层的有效辐射温度；T_b 为床层温度；T_w 为传热壁面温度。式（4.117）中温度取单位为℃。

$$T_{yx} = 0.85 T_b \qquad (4.118)$$

4.6.2　稀相区内的传热模型

气化炉稀相区传热特性很复杂，目前被认为最合理的理论是颗粒团更新理论。

炉内介质与壁面的总传热系数由以下几部分组成：

$$h_{xz} = \delta_c h_c + (1 - \delta_c) h_s + \delta_c h_{rc} + (1 - \delta_c) h_{rs} \qquad (4.119)$$

其中 h_{xz} 为炉内介质与壁面的总传热系数。式右边的第一项和第二项为对流项，其中 h_s 为稀相对流换热系数，h_c 为颗粒团与炉壁的对流换热系数。式右边的第三项和第四项为辐射项，其中 h_{rs} 为没有与颗粒团接触部分的壁面的辐射换热系数，h_{rc} 为与颗粒团接触部分的壁面的辐射换热系数。

颗粒团接触部分的壁面覆盖率可通过式（4.120）进行计算：

$$\delta_c = K \left(\frac{1 - \varepsilon_w - Z}{1 - \varepsilon_c} \right)^{0.5} \qquad (4.120)$$

式（4.120）中，$K = 0.5$；ε_w 为壁面的空隙率；ε_c 为颗粒团的空隙率，可取其值为临界流态化下的颗粒空隙率，其中 Z 为核心区中固体颗粒的比例。

$$Z = 1 - \varepsilon_1 \tag{4.121}$$

式（4.121）中，ε_1 为核心区空隙率。

1. 对流传热系数

由于炉中不完全是颗粒团，还存在颗粒分散相，因此颗粒团的对流传热系数 h_c 和颗粒分散相的对流传热系数 h_s 构成了总对流传热系数 h_{con}：

$$h_{con} = \delta_c h_c + (1 - \delta_c) h_s \tag{4.122}$$

（1）颗粒团与炉壁的对流换热系数 h_c。

颗粒团的对流传热系数可用式（4.123）来表示：

$$h_c = \frac{1}{\dfrac{1}{h_w} + \dfrac{1}{h_p}} \tag{4.123}$$

式（4.123）中，h_w 为颗粒团与壁面传热系数；h_p 为颗粒团的平均传热系数，由该式可知颗粒团本身的热阻和颗粒团与壁面的接触热阻构成了颗粒团与壁面的总传热热阻。

由于稀相区采用的是环 - 核模型，因此环形区内颗粒团的运动轨迹是沿壁面下降的，由气体间接传热可知，颗粒与壁面之间存在一层薄气体，颗粒团的热量需要通过这层很薄的气体进行传导，基于此机理，h_w 采用 R. L. Wu 提出的模型进行计算，该模型根据气体间接传热理论中的薄气层厚度来计算颗粒团与壁面传热系数：

$$h_w = \frac{n\lambda_g}{d_p} \tag{4.124}$$

Lints 和 Glickman 通过实验观察到，随着颗粒浓度的增加，薄气层厚度减小，其值为 0 ~ 1，该实验得出了气体薄层厚度随截面平均颗粒浓度变化的经验公式：

$$\frac{d_p}{n} = 0.028\,2\,\overline{\varepsilon}^{\,(-0.59)} \tag{4.125}$$

假设颗粒团与绝热表面的接触时间为 τ_c，则其颗粒平均传热系数 h_p 为：

$$h_p = \sqrt{\frac{4\lambda_c C_c \rho_c}{\pi \tau_c}} \tag{4.126}$$

式（4.126）中，λ_c、C_c、ρ_c 分别为颗粒团的导热系数、比热容和密度。

本书中颗粒团导热系数由 Gelperin 和 Einstein 给出的经验公式（4.127）进行计算：

$$\lambda_c = \lambda_g \left[1 + \frac{\varepsilon_c \left(1 - \dfrac{\lambda_g}{\lambda_p}\right)}{\dfrac{\lambda_g}{\lambda_p} + 0.28\,\varepsilon_c^{0.63 \left(\frac{\lambda_g}{\lambda_p}\right)^{0.18}}} \right] \tag{4.127}$$

$$C_c = \varepsilon_c C_p + (1 - \varepsilon_c) C_g \tag{4.128}$$

$$\rho_c = \varepsilon_c \rho_p + (1 - \varepsilon_c) \rho_g \tag{4.129}$$

颗粒团在壁面的移动距离和移动速度与其在壁面的停留时间有直接相关，对于颗粒团在壁面的移动距离的计算，则采用 R. L. Wu 提出的经验公式（4.130）：

$$L = 0.017\,8\rho_c^{0.596} \tag{4.130}$$

颗粒团下降速度为 u_m，则有：

$$\tau_c = \frac{L}{u_m} \tag{4.131}$$

（2）稀相区对流换热系数 h_s。

颗粒分散相和壁面相接触，采用 Wen 和 Miller 提出的公式（4.132）进行计算：

$$h_s = \frac{\lambda_g}{d_p} \frac{C_p}{C_g} \left(\frac{\rho_{dis}}{\rho_p}\right)^{0.3} \left(\frac{u_t^2}{g d_p}\right)^{0.21} Pr \tag{4.132}$$

式（4.132）中，ρ_{dis} 为稀相区的平均密度；u_t 为颗粒的终端速度；Pr 为烟气的普朗特数；d_p 为颗粒直径。

$$\rho_{dis} = Y\rho_p + (1 - Y)\rho_g \tag{4.133}$$

式（4.133）中，Y 为颗粒相中固体颗粒的百分比。

2. 辐射换热系数

（1）颗粒团辐射换热。

颗粒团对壁面的辐射换热系数采用式（4.134）进行计算：

$$h_{rc} = \frac{5.67 \times 10^{-8} (T_b^2 + T_w^2)(T_b + T_w)}{\dfrac{1}{e_c} + \dfrac{1}{e_w} - 1} \tag{4.134}$$

式（4.134）中，e_w 为炉壁表面的吸收率，取 0.8；e_c 为颗粒团的吸收率，采用式（4.135）进行计算：

$$e_c = 0.5(1 + e_p) \tag{4.135}$$

式（4.135）中，e_p 为固体颗粒的辐射率。

（2）颗粒分散相辐射换热。

颗粒分散相对壁面的辐射换热系数采用式（4.136）进行计算：

$$h_{rs} = \frac{5.67 \times 10^{-8} (T_b^2 + T_w^2)(T_b + T_w)}{\dfrac{1}{e_d} + \dfrac{1}{e_w} - 1} \tag{4.136}$$

式（4.136）中，e_d 为床内有效吸收率，可由 Brewster 提出的公式进行计算：

$$e_d = \left[A(A + 2)\right]^{\frac{1}{2}} - A \tag{4.137}$$

$$A = \frac{e_p}{B(1 - e_p)} \tag{4.138}$$

式（4.138）中，e_p 为固体颗粒的辐射率；系数 B 对于漫散射颗粒取值 0.67，对于各向同性散射颗粒取值 0.5。

4.6.3 多区温度模型

由于传热模型较为复杂，且通过模拟发现现有的传热模型在应用于本工艺的综合模型中存在一定的误差，因此为提高计算准确度，本书依据实际测试的炉温数据提出了煤气化区、生物质气化区和稀相区的多区温度关联式，并在综合模型中应用这些关联式对炉内温度进行了模拟。

如图 2.6 所示，在炉膛的不同高度设置热电偶对炉内温度进行测量。其中，设置距炉底 160 mm 处的热电偶测量煤气化区焦炭气化温度，在模型中，该参数被定义为 T_1；距离炉底 600 mm 处的热电偶测量生物质气化区温度，在模型中该参数被定义为 T_2；距离炉底 1 050 mm 处的热电偶测量稀相区温度，在模型中该参数被定义为 T_3。根据实测数据可以拟合得到多区温度关联式。由于本书所研究的工艺包括气化阶段和燃烧阶段，因此其反应区各不相同，气化阶段包括煤气化区、生物质气化区和稀相区，燃烧阶段包括煤燃烧区和稀相区，不同反应区的温度关联式也各不相同，具体描述如下：

$$T_2 = a_1 T_1^2 + b_1 T_1 + c_1 \tag{4.139}$$

式（4.139）为气化阶段的生物质气化区与煤气化区温度之间的关联式。该式仅用于气化阶段，因为燃烧阶段不存在生物质反应区。式（4.139）中各系数取值见表 4.5。

$$T_3 = a_2 T_1^2 + b_2 T_1 + c_2 \tag{4.140}$$

式（4.140）可表示气化阶段煤气化区和稀相区温度之间的关系，也可表示燃烧阶段煤燃烧区和稀相区温度之间的关系。在燃烧阶段和气化阶段式（4.140）中，各系数的取值不同，具体见表 4.5。

表 4.5　多区温度关联式中的系数

	a_1	b_1	c_1	a_2	b_2	c_2
气化阶段	0.000 8	-0.549 5	849.540 7	0.000 6	0.218 1	22.877 7
燃烧阶段	—	—		0.000 2	0.556 5	13.047 2

图 4.7 为依据多区温度关联式所绘制的气化阶段各区温度之间的关系，图（a）中 T_1-T_2 温度关系曲线和 T_1-T_3 温度关系曲线分别位于图中的 Ⅰ 和 Ⅱ 象

限。Ⅰ、Ⅱ象限分别指的是在这两个区间内的点总是纵坐标大于横坐标和总是横坐标大于纵坐标，即Ⅰ象限内 T_2 值恒大于 T_1 值，Ⅱ象限内 T_1 值恒大于 T_3 值。图4.7（a）说明了两个问题：一是在气化阶段的三个区域内，其温度关系是 $T_3 < T_1 < T_2$，图4.7（b）为据此所绘制的炉膛内温度分布示意图。理论上发生的气化反应是吸热反应，T_2（生物质气化区）的温度不应比 T_1（煤气化区域）的温度高，而实际数据显示 T_2 值更高。这可能是因为煤燃烧阶段产生了一定范围的热延展，在燃烧区域的上方出现了温度升高，这个温度升高区域正好处于气化阶段的生物质气化区，这对生物质气化是十分有利的。虽然这个热延展区域的特性不在本书研究的范围，但是对于该炉型而言，热延展区的产生机理，变化规律是十分重要的，需要在后续的工作中对其深入研究。二是图4.7（a）中 $T_1 - T_2$ 温度关系曲线和 $T_1 - T_3$ 温度关系曲线都是二次曲线，即随着 T_1 的增加将会导致 T_2 和 T_3 的增加更多，所以提高 T_1 的温度能有效地提高炉内的整体温度。

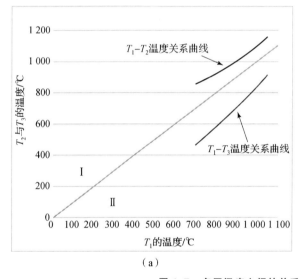
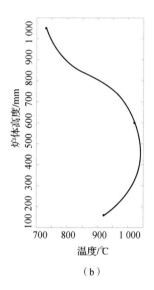

（a）　　　　　　　　　　　　　　（b）

图 4.7　多区温度之间的关系

（a）$T_1 - T_2$ 和 $T_1 - T_3$ 温度关系曲线；（b）炉膛内温度分布示意图

|4.7　质量平衡模型|

本节在前文所建立的子模型的基础上建立了生物质与煤复合串行气化过程

的密相区与稀相区的固相和气相的质量平衡模型，从而求解出气化炉内气固浓度随时间和炉内轴向的分布情况。

为了简化模型，本书在建立质量平衡模型时考虑了以下几点假设：

（1）将密相区分为气泡相、气泡云相和乳化相进行模拟。

（2）气泡的形状为理想球形。

（3）乳化相内的颗粒处于临界流化状态。假定乳化相内气体和固体颗粒的相对速度不变，气泡相就是通入炉内的气体量减去达到临界流化速度所需气体量后的那部分气体量所形成的。

（4）假设挥发分只在气泡云和乳化相中析出，且在气泡云和乳化相中均匀分布。

（5）焦炭的燃烧及气化反应只发生在气泡云和乳化相中，气体反应在各相中均会发生。

（6）各相间的气体交换除了考虑由浓度差产生外，还考虑各相之间气体流动产生的交换。

（7）由于只有气泡云和乳化相中存在固体现象，因此焦炭的燃烧和气化反应只发生在这两相中。

4.7.1 密相区内气相质量平衡模型

1. 气泡相内的气体质量平衡方程

在气泡相中第 i 组分气体的质量平衡方程为：

$$\frac{\partial(C_{i,b}A_t\delta_b)}{\partial t} + \frac{\partial(u_bC_{i,b}A_t\delta_b)}{\partial z} =$$

$$-A_t\delta_bK_{bc}(C_{i,b}-C_{i,c}) + (\lambda_1C_{i,b}+\lambda_2C_{i,c})\frac{\partial(u_bA_t\delta_b)}{\partial z} + \sum_j A_t\delta_b r_{j,b}\alpha_{i,j}$$

$$(4.141)$$

式（4.141）中，右侧第一项为气泡相和气泡云相之间 i 组分气体由浓度差引起的质量交换项，第二项是由于气体上升过程中气泡相中气体流量变化引起的气泡与气泡云之间的 i 组分气体的质量交换，其中 λ_1 和 λ_2 的取值如下：

$$若\frac{\partial(u_bA_t\delta_b)}{\partial z}<0，则\lambda_1=1，\lambda_2=0；$$

$$若\frac{\partial(u_bA_t\delta_b)}{\partial z}>0，则\lambda_1=0，\lambda_2=1。$$

第三项是气泡相中 i 组分气体的反应项，包括燃烧阶段和气化阶段的生成项和消耗项。消耗时，符号取正号；生成时，符号取负号。具体内容见表4.6和表4.7。

表4.6　燃烧阶段气泡相中各种气体组分的产生和消耗

气体组分 i	化学反应项 $\sum_j r_{j,b} \alpha_{i,j}$
O_2	$\sum_j r_{j,b} \alpha_{O_2,j} = -\dfrac{1}{2} r_1 - \dfrac{1}{2} r_2 - 2r_4$
CO	$\sum_j r_{j,b} \alpha_{CO,j} = -r_1 - r_3$
CO_2	$\sum_j r_{j,b} \alpha_{CO_2,j} = r_1 + r_3 + r_4$
CH_4	$\sum_j r_{j,b} \alpha_{CH_4,j} = -r_4$
H_2O	$\sum_j r_{j,b} \alpha_{H_2O,j} = r_2 - r_3 + 2r_4$
H_2	$\sum_j r_{j,b} \alpha_{H_2,j} = -r_2 + r_3$

表4.7　气化阶段气泡相中各种气体组分的产生和消耗

气体组分 i	化学反应项 $\sum_j r_{j,b} \alpha_{i,j}$
CO	$\sum_j r_{j,b} \alpha_{CO,j} = -r_6$
H_2O	$\sum_j r_{j,b} \alpha_{H_2O,j} = -r_6$
CO_2	$\sum_j r_{j,b} \alpha_{CO_2,j} = r_6$
H_2	$\sum_j r_{j,b} \alpha_{H_2,j} = r_6$

2. 气泡云内的气体质量平衡方程

在气泡云相中第 i 组分气体的质量平衡方程为：

$$\frac{\partial(C_{i,c}(f_c + f_w)A_t \delta_b \varepsilon_c)}{\partial t} + \frac{\partial(C_{i,c}(f_c + f_w)A_t \delta_b \varepsilon_c u_b)}{\partial z} = -A_t \delta_b K_{bc}(C_{i,c} - C_{i,b}) -$$

$$A_t \varepsilon_e (1 - \delta_b(1 + f_c + f_w))K_{ce}(C_{i,c} - C_{i,e}) - (\lambda_1 C_{i,b} + \lambda_2 C_{i,c}) \frac{\partial(u_b A_t \delta_b)}{\partial z} -$$

$$(\lambda_3 C_{i,c} + \lambda_4 C_{i,e}) \frac{\partial(u_{ge} A_t \varepsilon_e (1 - \delta_b(1 + f_c + f_w)))}{\partial z} + \sum_j A_t \delta_b (f_c + f_w) r_{j,c} \alpha_{i,j}$$

$$(4.142)$$

式（4.142）中，右侧第一项为气泡相和气泡云相之间 i 组分气体的质量交换项；第二项为气泡云相和乳化相之间 i 组分气体的质量交换项；第三项是由于气体上升过程中气泡相中气体流量变化引起的气泡与气泡云之间的 i 组分的气体交换，其中 λ_1 和 λ_2 的取值同上；第四项为气泡上升过程中乳化相中气体流量变化引起的气泡云与乳化相之间第 i 组分气体质量交换量，其中 λ_3 和 λ_4 的取值如下：

$$\text{若 } \frac{\partial(u_{ge}A_t\varepsilon_e(1-\delta_b(1+f_c+f_w)))}{\partial z} < 0，\text{则 } \lambda_3 = 1，\lambda_4 = 0；$$

$$\text{若 } \frac{\partial(u_{ge}A_t\varepsilon_e(1-\delta_b(1+f_c+f_w)))}{\partial z} > 0，\text{则 } \lambda_3 = 0，\lambda_4 = 1。$$

第五项是气泡云中 i 组分气体的反应项，包括燃烧阶段和气化阶段的生成项和消耗项，具体内容见表4.8和表4.9。

表4.8　燃烧阶段气泡云相中各种气体组分的产生和消耗

气体组分 i	化学反应项 $\sum_j r_{j,b}\alpha_{i,j}$
O_2	$\sum_j r_{j,c}\alpha_{O_2,j} = \left(-\frac{1}{2}r_1 - \frac{1}{2}r_2 - 2r_4\right)\varepsilon_c - (1-\varepsilon_c)\frac{1}{\phi}S_v C_{O_2,c}k_c$
CO_2	$\sum_j r_{j,c}\alpha_{CO_2,j} = (r_1 + r_3 + r_4)\varepsilon_c + (1-\varepsilon_c)\left(\frac{2}{\phi}-1\right)S_v C_{CO_2,c}k_c$
CO	$\sum_j r_{j,c}\alpha_{CO,j} = (-r_1 - r_3)\varepsilon_c + (1-\varepsilon_c)\left(2-\frac{2}{\phi}\right)S_v C_{CO,c}k_c$
CH_4	$\sum_j r_{j,c}\alpha_{CH_4,j} = -r_4\varepsilon_c$
H_2	$\sum_j r_{j,c}\alpha_{H_2,j} = (-r_2 + r_3)\varepsilon_c$
H_2O	$\sum_j r_{j,c}\alpha_{H_2O,j} = (r_2 - r_3 + 2r_4)\varepsilon_c$

3. 乳化相内的气体质量平衡方程

在乳化相中第 i 组分气体的质量平衡方程为：

$$\frac{\partial(C_{i,e}A_t\varepsilon_e(1-\delta_b(1+f_c+f_w)))}{\partial t} + \frac{\partial(u_{ge}C_{i,e}A_t\varepsilon_e(1-\delta_b(1+f_c+f_w)))}{\partial z} = -$$

$$A_t\varepsilon_e(1-\delta_b(1+f_c+f_w))K_{ce}(C_{i,e}-C_{i,c}) + (\lambda_3 C_{i,c} + \lambda_4 C_{i,e})\frac{\partial(u_{ge}A_t\varepsilon_e(1-\delta_b(1+f_c+f_w)))}{\partial z} +$$

$$\sum_j A_t(1-\delta_b(1+f_c+f_w))r_{j,e}\alpha_{i,j}$$

$$(4.143)$$

式（4.143）中各项的意义前文都已介绍，其气体的反应项与气泡云中的反应项相同。

表4.9　气化阶段气泡云相中各种气体组分的产生和消耗

气体组分 i	化学反应项 $\sum_j r_{j,b} \alpha_{i,j}$
H_2	$\sum_j r_{j,c} \alpha_{H_2,j} = r_6 \varepsilon_c + (1 - \varepsilon_c)\left(r_7 - 2r_8 - \dfrac{1}{2}r_9\right)$
CO	$\sum_j r_{j,c} \alpha_{CO,j} = -r_6 \varepsilon_c + (1 - \varepsilon_c)\left(r_7 + \dfrac{1}{2}r_9\right)$
CO_2	$\sum_j r_{j,c} \alpha_{CO_2,j} = r_6 \varepsilon_c$
H_2O	$\sum_j r_{j,c} \alpha_{H_2O,j} = -r_6 \varepsilon_c + (1 - \varepsilon_c)\left(-r_7 - \dfrac{1}{2}r_9\right)$
CH_4	$\sum_j r_{j,c} \alpha_{CH_4,j} = (1 - \varepsilon_c)\left(r_8 + \dfrac{1}{2}r_9\right)$

下面给出求解该方程组的边界条件和初始条件：

在炉底，$z = 0$ 处：燃烧阶段，其助燃介质为空气：

$$C_{b,O_2} = C_{c,O_2} = C_{e,O_2} = \frac{0.21}{22.4 \times 10^{-3}} \frac{T_{air}}{T_k} \tag{4.144}$$

式（4.144）中，T_{air} 为进入炉膛内的空气温度；T_k 为炉内温度。

其他各气体组分浓度 $C_{b,i} = C_{c,i} = C_{e,i} = 0$。

在气化阶段，首先发生煤气化，其气化介质为水蒸气：

$$C_{b,H_2O} = C_{c,H_2O} = C_{e,H_2O} = \frac{1}{22.4 \times 10^{-3}} \frac{T_{steam}}{T} \tag{4.145}$$

式（4.145）中，T_{steam} 为进入炉内的水蒸气温度。

其他各气体组分浓度 $C_{b,i} = C_{c,i} = C_{e,i} = 0$。

在煤气化与生物质气化的交界面，$z = H_{den,coal}$ 处：

$$C_{b,i} = C_{c,i} = C_{e,i} = C_i + C_{VOL,bio,i} \tag{4.146}$$

式（4.146）中，$H_{den,coal}$ 为密相区中煤气化区的高度；$C_{VOL,bio,i}$ 为第 i 种生物质热解气的摩尔浓度。

在密相区，$0 \leqslant z < H_{den,coal}$；$H_{den,coal} < z \leqslant H_{den}$：

$$C_i = \delta_b \cdot C_{b,i} + \delta_c \cdot C_{c,i} + \delta_e \cdot C_{e,i} \tag{4.147}$$

式（4.147）中，H_{den} 为密相区的总高度。

4.7.2 密相区内固相质量平衡模型

煤或生物质在密相区内热解完成后都变成焦炭。焦炭的成分主要是碳，所以在密相区计算固体的浓度主要是指焦炭的浓度。建立密相区固体质量平衡模型的思路如下：在气化阶段，先计算煤气化阶段的守恒方程，得到生物质与煤交界面的碳含量。在计算中，在入口处设置一个煤的初始流量，即总煤的输入量乘以在气化阶段参与反应的煤的比例，用 Y 来表示。该参数需要在方程组中进行迭代求解。通过上述计算得到生物质与煤交界面的碳含量，再加上生物质输入的碳含量，二者之和作为生物质密相区的初始流量，然后再通过固体平衡方程计算出生物质密相区的物质流量，作为稀相区质量平衡计算的初始值。

1. 气泡云内的固体质量平衡方程

在煤气化和煤燃烧阶段，气泡云相的固体质量平衡方程可表示为：

$$\frac{\partial(\delta_b(f_c+f_w)(1-\varepsilon_c)A_t C_{c,ch})}{\partial t} + \frac{\partial(\delta_b(f_c+f_w)(1-\varepsilon_c)A_t u_{s1} C_{c,ch})}{\partial z} =$$

$$\frac{F_{ch}}{H_{den,coal}A_{solid}}\delta_b(f_c+f_w)(1-\varepsilon_c)A_t - A_t R_{c,ch}(1-\varepsilon_c)\delta_b(f_c+f_w)$$

$$(4.148)$$

方程左边第一项表示密相区气泡云相中微元体内碳的摩尔浓度随时间的变化情况；左边第二项表示密相区气泡云相中微元体内碳的净流出量；右边第一项表示密相区气泡云相微元体内加入的煤量，右边第二项表示气泡云相中碳在燃烧（气化）反应中的消耗量。

式（4.148）中，A_{solid} 为密相区中固体所占床层截面面积：

$$A_{solid} = \delta_b(f_c+f_w)(1-\varepsilon_c)A_t + (1-\delta_b(1+f_c+f_w))(1-\varepsilon_e)A_t \quad (4.149)$$

煤的气化阶段：

气化阶段，F_{ch} 为气化阶段参与反应的煤的折算摩尔流量；$R_{c,ch}$ 为气泡云相中碳在气化反应中的消耗量。其表达式为：

$$F_{ch} = Y \cdot \left(\frac{F_{coal}}{mw_{coal}}\right) \quad (4.150)$$

式（4.150）中，F_{coal} 为煤的输入量，是模型的输入参数，Y 是气化阶段参与反应的煤的比例，该参数需要在方程组中迭代求解。

$$R_{c,ch} = \frac{\rho_o M_C}{mw_C}f_L K_T(1-x)^{\frac{2}{3}}\exp(-\alpha x^2) \quad (4.151)$$

式（4.151）中，各项的含义在前文所述子模型中都已详述。

煤燃烧阶段：

燃烧阶段，F_{ch} 为燃烧阶段参与反应的煤的折算摩尔流量；$R_{\text{c,ch}}$ 为气泡云相中碳在燃烧反应中的消耗量。其表达式为：

$$F_{\text{ch}} = (1 - Y) \cdot \left(\frac{F_{\text{coal}}}{mw_{\text{coal}}} \right) \tag{4.152}$$

$$R_{\text{c,ch}} = S_{\text{v}} C_{\text{O}_2,\text{c}} k_{\text{c}} \tag{4.153}$$

式（4.153）中，S_{v} 为单位体积球形颗粒表面积；$C_{\text{O}_2,\text{c}}$ 为气泡云相中组分 O_2 的摩尔浓度；k_{c} 为焦炭燃烧反应速率常数。前文中已确定该值。

$$S_{\text{v}} = \frac{6}{d_{s_{\text{v}}}} \tag{4.154}$$

式（4.154）中，$d_{s_{\text{v}}}$ 为与颗粒具有相同比表面积的球体直径。

在生物质气化阶段，气泡云相的固体质量平衡方程可表示为：

$$\frac{\partial \left(\delta_{\text{b}} (f_{\text{c}} + f_{\text{w}})(1 - \varepsilon_{\text{c}}) A_{\text{t}} C_{\text{c,ch}} \right)}{\partial t} + \frac{\partial \left(\delta_{\text{b}} (f_{\text{c}} + f_{\text{w}})(1 - \varepsilon_{\text{c}}) A_{\text{t}} u_{\text{s1}} C_{\text{c,ch}} \right)}{\partial z}$$
$$= - A_{\text{t}} R_{\text{c,ch}} (1 - \varepsilon_{\text{c}}) \delta_{\text{b}} (f_{\text{c}} + f_{\text{w}}) \tag{4.155}$$

该模型中，气化阶段分为煤气化和生物质气化，在煤气化阶段的质量平衡方程中涉及煤的供应量 F_{coal}，而气化阶段的质量平衡方程中没有出现生物质的供应量，这是因为在本模型中生物质的供应量与煤气化的产物共同组成了生物质气化模型的初始值。

乳化相内的固体质量平衡方程如下。

在煤气化和煤燃烧阶段，乳化相的固体质量平衡方程可表示为：

$$\frac{\partial \left((1 - \delta_{\text{b}}(1 + f_{\text{c}} + f_{\text{w}}))(1 - \varepsilon_{\text{e}}) A_{\text{t}} C_{\text{e,ch}} \right)}{\partial t} + \frac{\partial \left((1 - \delta_{\text{b}}(1 + f_{\text{c}} + f_{\text{w}}))(1 - \varepsilon_{\text{e}}) A_{\text{t}} (u_{\text{s2}} + u_{\text{ge}}) C_{\text{e,ch}} \right)}{\partial z} =$$
$$\frac{F_{\text{ch}}}{H_{\text{den,coal}} A_{\text{solid}}} (1 - \delta_{\text{b}}(1 + f_{\text{c}} + f_{\text{w}}))(1 - \varepsilon_{\text{e}}) A_{\text{t}} - (1 - \delta_{\text{b}}(1 + f_{\text{c}} + f_{\text{w}}))(1 - \varepsilon_{\text{e}}) A_{\text{t}} R_{\text{e,ch}} \tag{4.156}$$

在生物质气化阶段，乳化相的固体质量平衡方程可表示为：

$$\frac{\partial \left((1 - \delta_{\text{b}}(1 + f_{\text{c}} + f_{\text{w}}))(1 - \varepsilon_{\text{e}}) A_{\text{t}} C_{\text{e,ch}} \right)}{\partial t} + \frac{\partial \left((1 - \delta_{\text{b}}(1 + f_{\text{c}} + f_{\text{w}}))(1 - \varepsilon_{\text{e}}) A_{\text{t}} (u_{\text{s2}} + u_{\text{ge}}) C_{\text{e,ch}} \right)}{\partial z}$$
$$= - (1 - \delta_{\text{b}}(1 + f_{\text{c}} + f_{\text{w}}))(1 - \varepsilon_{\text{e}}) A_{\text{t}} R_{\text{e,ch}} \tag{4.157}$$

下面给出求解该方程组的边界条件和初始条件：

在炉底，$z = 0$ 处：

$$C_{\text{c,ch}} = C_{\text{e,ch}} = 0 \tag{4.158}$$

在煤气化与生物质气化的交界面，$z = H_{den,coal}$ 处：

$$C_{c,ch} = C_{e,ch} = C_{ch} + C_{VOL,bio,ch} \quad (4.159)$$

4.7.3 稀相区内气相质量平衡模型

假设密相区中气体上升全部进入核心区，不考虑气体的径向交换，认为全部从核心区通过。稀相区中气相的质量平衡方程可表示为：

$$\frac{\partial(C_{core,i}A_{core})}{\partial t} + \frac{\partial(u_{gc}C_{core,i}A_{core})}{\partial z} = \sum_j A_{core}r_j\alpha_{i,j} \quad (4.160)$$

式（4.160）中，$C_{core,i}$ 为核心区的第 i 种气体的摩尔浓度；u_{gc} 为核心区气流速度；A_{core} 为核心区的面积；$\sum_j r_j\alpha_{i,j}$ 为气体的反应项，与气泡云中的气体反应相相同。

将密相区气体质量平衡方程中计算得到的结果作为稀相区气体质量平衡模型计算的初始值。具体的初始条件和边界条件参考密相区的处理。

4.7.4 稀相区内固相质量平衡模型

如前文所述，密相区中固体颗粒全部进入核心区，环形区中的固体颗粒是其与核心区发生质交换得到的，其质量平衡示意图如图4.8所示。

在稀相区中核心区固相的质量平衡方程可表示为：

$$\frac{\partial(C_{core,ch}A_{core}(1-\varepsilon_{core}))}{\partial t} + \frac{\partial(u_{pc}C_{core,ch}A_{core}(1-\varepsilon_{core}))}{\partial z} =$$
$$-2\pi R_{core}(f_1-f_2)(C_{core,ch}-C_{ann,ch}) - A_{core}R_{c,ch}(1-\varepsilon_{core}) \quad (4.161)$$

式（4.161）中，$C_{core,ch}$ 为核心区的焦炭摩尔浓度；A_{core} 为核心区的面积；ε_{core} 为核心区的空隙率；u_{pc} 为核心区颗粒速度；R_{core} 为核心区的半径；f_1 为核心区向环形区的传递固体颗粒速率；f_2 为环形区向核心区的传递固体颗粒速率。

该方程右边第一项为环形区与核心区的质量交换项，右边第二项为核心区内发生化学反应所消耗的焦炭项。

在稀相区中环形区固相的质量平衡方程可表示为：

$$\frac{\partial(C_{ann,ch}A_{ann}(1-\varepsilon_{ann}))}{\partial t} + \frac{\partial(u_{pa}C_{ann,ch}A_{ann}(1-\varepsilon_{ann}))}{\partial z}$$
$$= 2\pi R_{core}(f_1-f_2)(C_{core,ch}-C_{ann,ch}) \quad (4.162)$$

式（4.162）中，$C_{ann,ch}$ 为环形区的焦炭摩尔浓度；A_{ann} 为环形区的面积；ε_{ann} 为环形区的空隙率；u_{pa} 为环形区颗粒速度。

由于假定在环形区内只有颗粒流，因此在方程中没有化学反应项。

前文中的 F 和 F_0 是分别指的是床层夹带速率和床层表面处的夹带速率，

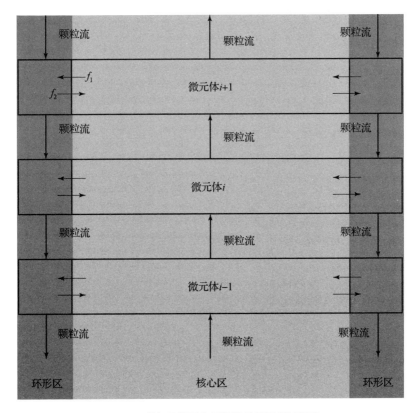

图 4.8　稀相区微元体固相的质量平衡示意图

是做稀相区固体质量平衡计算的初始值。具体的初始条件和边界条件参考密相区的处理。

　　在本书中，利用 Matlab 求解以上偏微分方程，首先将方程离散化得到非线性方程组，由于方程形式复杂，因此采用 Newton – Raphson 迭代方法进行求解。

|4.8　能量平衡模型|

　　根据系统能量守恒原理，系统中输入的物质能量和输出的物质能量应保持平衡，则系统的总能量平衡方程可表示如下：

$$\eta \left[\sum_{in} n_i^{in} \left(\Delta H_f^0 + \int_{298}^{T_{in}} C_p \mathrm{d}T \right) \right] = \sum_{out} n_i^{out} \left(\Delta H_f^0 + \int_{298}^{T_{out}} C_p \mathrm{d}T \right) \qquad (4.163)$$

式（4.163）中，n_i^{in} 表示输入的物质，包括煤、生物质、水蒸气和空气，n_i^{out} 表示输出的物质，包括燃烧阶段所产生的烟气和在气化阶段由煤与生物质复合串行气化所产生的富氢燃气，η 为系统的热效率（%）；ΔH_f^0 为各物质的标准焓值（kJ/mol）；T_{in} 为输入物质的温度（K）；T_{out} 为输出物质的温度（K）；$\int_{298}^{T} C_p \mathrm{d}T$ 为各种物质的焓变（kJ/mol）。

|4.9 综合数学模型结构|

综合以上子模型得到生物质与煤复合串行气化过程综合数学模型，其程序流程图如图4.9所示。通过该模型可以得到气化炉不同时间、不同区域炉内的气体和固体的浓度，为深入研究气化炉的反应规律、挖掘气化炉的最优性能、优化气化炉的设计提供了详细的数据支持。

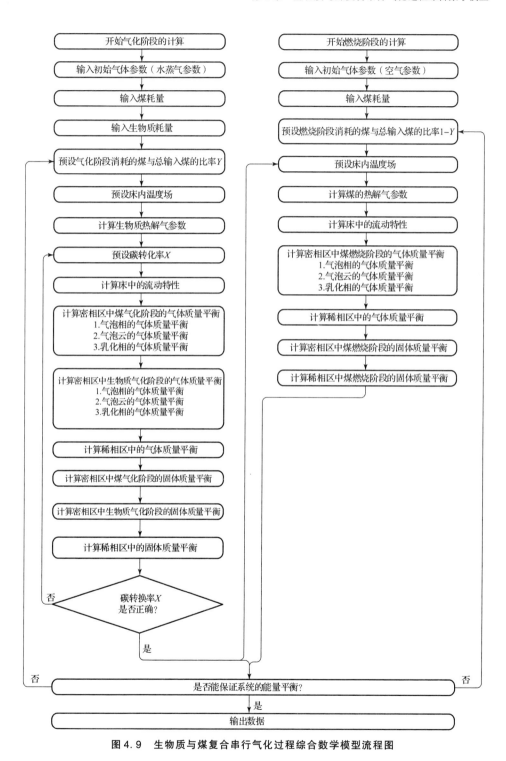

图 4.9　生物质与煤复合串行气化过程综合数学模型流程图

生物质与煤复合串行气化过程
综合数学模型分析

本章利用前面章节中所建立的生物质与煤复合串行气化过程综合数学模型对生物质与煤复合串行气化工艺进行研究，通过调节气化炉的三个主要参数（炉内温度、S/B、B/C）对其性能进行分析，其中，S/B 为通入炉内的水蒸气与生物质的比例，B/C 为生物质与煤的比例。

|5.1 模型验证|

在采取生物质与煤复合串行气化过程综合数学模型对该工艺进行研究之前，首先需要确认模型的准确性。在进行模拟之前，首先应将一些基础数据输入模型中，其具体数据见表 5.1。

表 5.1 模型中输入的数据

参数名称	参数值
空气温度	25 ℃
大气压力	1.013 bar
炉膛直径	0.15 m
冷态密相区高度（煤）	0.12 m *
冷态密相床高度（生物质）	0.32 m *
冷态稀相床高度	1.56 m *
气化炉操作温度	750 ~ 1 020 ℃
气化炉操作压力	1.1 bar
空气成分	21% O_2，79% N_2

参数名称	参数值
水蒸气温度	350 ℃
炉膛热损失	5%
S/B	1 ~ 2
煤元素分析	C_{ad} 62.47%；H_{ad} 2.82%；S_{ad} 0.59%；N_{ad} 0.98%；O_{ad} 4.61%
煤工业分析	M_{ad} 1.58%；A_{ad} 26.95%；V_{ad} 15.98%；FC_{ad} 55.49%
焦炭的工业分析（实验值）	C_{ad} 77.26%；H_{ad} 1.22%；S_{ad} 1.32%；N_{ad} 0.76%；O_{ad} 0.13%
低位热值（煤）	24.226 MJ/kg
生物质元素分析（木屑）	C_{ad} 47.74%；H_{ad} 6.49%；S_{ad} 0.09%；N_{ad} 0.08%；O_{ad} 32.93%
生物质工业分析（木屑）	M_{ad} 9.07%；A_{ad} 3.6%；V_{ad} 81.44%；FC_{ad} 5.89%
LHV（木屑）	16.657 MJ/kg

＊该模型设定的床高为 2 m，但是具体到密相区、稀相区的每个反应区间高度是随着 B/C 的值而变化的，本表中的各区域的高度数据是 B/C = 4 时的参数。

图 5.1 所示为模拟值和实验结果之间的比较。实验和模拟是在相同的条件下进行的，其中，温度为 900 ~ 1 000 ℃，S/B = 1.36，B/C = 4。实验条件下，该温度是指煤气化段的实测温度，即最底部的热电偶所测温度，模拟中密相区煤气化、密相区生物质气化和稀相区的温度各不相同。这里的温度是指密相区煤气化。在模型中输入该温度值，可计算出对应的密相区生物质气化和稀相区的温度。

从图 5.1 中可以看到，虚线是实验结果；实线是模拟结果。实验结果和模拟结果中各物质随温度变化的趋势一致，但是具体数值存在一定差异。产生误差的原因有以下几个方面：

（1）在实验过程中，由于现场情况复杂而且条件有限，因此可能导致测量结果不准确。

（2）在实验中，燃烧阶段与气化阶段的切换过程中无法避免燃烧阶段的 N_2 和 O_2 进入气化阶段，而这部分气体在模型中无法显示出来。

（3）该模型的建立过程中，使用了很多经验公式，虽然这些公式已被前人验证能得到准确的结果，但是难免会有误差。

（4）在数值计算中，时间步长和空间步长的设置都会影响到结果的准确性。

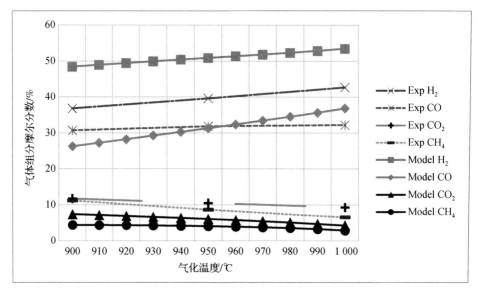

图 5.1　模拟值和实验结果之间的比较

　　总的来说，模拟结果与实验值之间能够较好地吻合。这表明本书所建立的模型能较好地反映炉内的状态并准确预测气化产物。

|5.2　温度对气化结果的影响|

　　温度对气化反应速率的影响要大于反应物浓度对气化反应速率的影响，因此研究温度对生物质与煤复合串行气化过程的影响是十分重要的。本书研究了不同气化温度下所产气体组分的变化情况、气体热值的变化情况、氢气的产量以及气体总产量的变化规律。

　　图 5.2 所示为在 S/B = 1.36，B/C = 4 的条件下，气化温度 T 变化对气体产物的影响，气化温度选择在 750 ~ 1 020 ℃ 是因为 T 为煤气化部分的温度。该部分处于流化状态，而流化床超过这个温度范围内运行易结渣。由图 5.2 可知，在各产物中氢气的产量最高，且随着温度的增加而增加，CO 的含量也随着温度的增加而增加，CO_2 的含量则随着温度的增加而减少，CH_4 的含量略有降低。另外，产物中还含有未发生反应的水蒸气，其含量随着温度的增加而显著减少。主要原因是在气化反应中最重要的水煤气反应（R7）受到温度影响，其反应平衡常数 $k_{eq,7}$ 随着温度的增加而增大，从而导致更多的水与碳反应生成 CO 和 H_2。

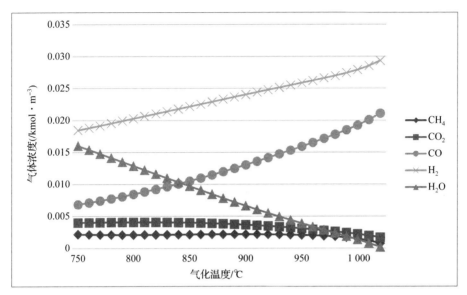

图 5.2　不同气化温度下的产气组分（S/B = 1.36，B/C = 4）

图 5.3 所示为在 S/B = 1.36，B/C = 4 条件下，随着气化温度的变化所产气体热值的变化规律。由图 5.3 可知，气体热值在气化温度区间内存在最大值，当温度为 960 ℃时气体热值最高，为 13.058 9 MJ/m³。这主要是因为气化

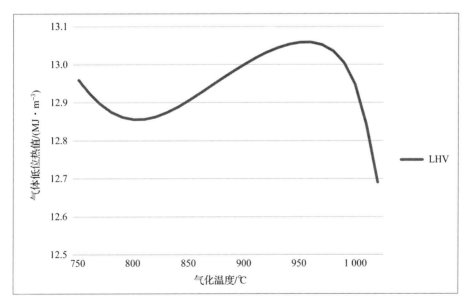

图 5.3　不同气化温度下的 LHV（S/B = 1.36，B/C = 4）

温度低于 960 ℃ 时，CH_4 浓度的变化不大，而 H_2 和 CO 持续增加导致气体热值随温度增加。当气化温度高于 960 ℃ 时，虽然 H_2 和 CO 持续增加，但是 CH_4 浓度明显下降，从而导致气体热值下降。

图 5.4 显示了在 S/B = 1.36，B/C = 4 的条件下，不同气化温度和不同时间条件下，气化炉出口处 H_2 的浓度变化情况。由图 5.4 可知，H_2 的浓度随着时间的增加而增加，在 T = 1 020 ℃，t = 2.4 s 时 H_2 浓度达到最大值 0.029 3 $kmol/m^3$。

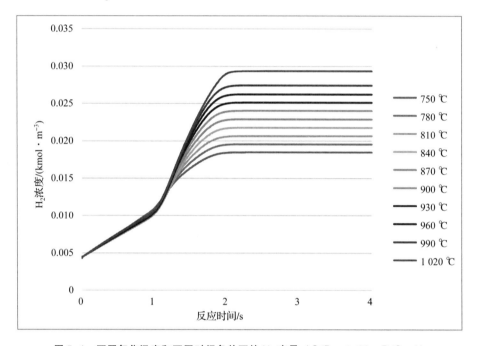

图 5.4　不同气化温度和不同时间条件下的 H_2 产量（S/B = 1.36，B/C = 4）

图 5.5 显示了在 S/B = 1.36，B/C = 4 条件下，随着气化温度的变化，气化炉中处不同位置 H_2 的浓度变化。由图可知，每个温度条件下的 H_2 变化曲线都明显分为四个阶段，分别是炉高 z = 0 ~ 0.12 m 为煤气化区间。煤气化区间炉高仅为 0.12 m 的原因是由于 B/C = 4，因此通入炉内的生物质较多，煤较少，相应的煤层厚度就比较薄；第二个阶段为 z = 0.12 m，在这个位置 H_2 浓度瞬间增加，这是由于 z = 0.12 m 是生物质气化与煤气化的交界面，通入炉内的生物质瞬间热解产生了热解气；第三个阶段 z = 0.12 ~ 0.4 m 为生物质气化区间；第四个阶段 z = 0.4 ~ 2 m 为稀相反应区。

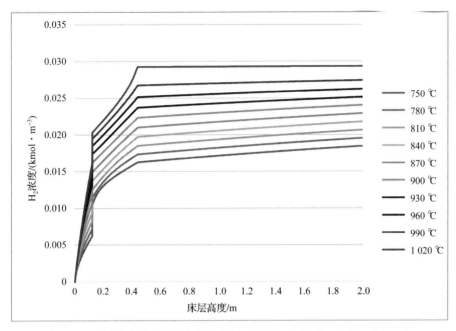

图 5.5　不同气化温度和不同位置条件下的氢气产量（S/B＝1.36，B/C＝4）

图 5.6 显示了在 S/B＝1.36，B/C＝4，T＝960 ℃ 的条件下，气化炉的不同位置处的各气体组分的浓度变化情况。由图可知，H_2 的浓度在各个反应区

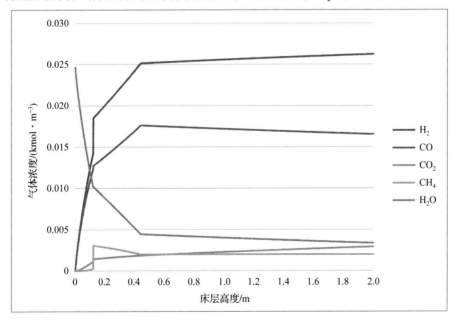

图 5.6　不同床高条件下的气体产量（S/B＝1.36，B/C＝4，T＝960 ℃）

都是增加的，CO 则是在密相区增加，在稀相区有减少，CH₄ 浓度则由于生物质热解出现了一个峰值，随后在生物质气化区呈下降趋势。

|5.3 S/B 对气化结果的影响|

S/B 是指水蒸气（Steam）与生物质（Biomass）的量之比，在本工艺中采用水蒸气作为气化剂。该比值是影响气化效果的一个重要参数，在气化炉的实际运行中更是需要用户进行精确调节的参数，所以确定气化炉的最佳 S/B 值是非常重要的。本书研究了不同 S/B 值下所产气体组分的变化情况，气体热值的变化情况以及产氢量的变化情况等。

图 5.7 显示了在 B/C = 4，T = 960 ℃ 条件下，S/B 变化对气体产物的影响。由图 5.7 可知，随着 S/B 的增加，H_2 的浓度变化不大，CO 的浓度下降，CO_2 和 CH_4 的浓度增加，水蒸气则是随着 S/B 的增加而增加的。这主要是因为 S/B 值的变化通常是通过调节水蒸气的量来实现的，水蒸气的增加会促进反应 R7 朝正反应方向进行，从而导致 CO 和 H_2 的浓度增加，而反应 R6、R8 和 R9 中，相应地都会在正反应方向被加强，通过各反应间复杂的平衡关系最终可以得到上述结论。

图 5.8 显示了在 B/C = 4，T = 960 ℃ 条件下气体热值的变化规律。由图可知，气体热值在 S/B = 1 ~ 2 内存在最大值，而且当 S/B = 1.43 时气体热值最高，为 13.08 MJ/m³。这主要是因为 S/B < 1.43 时，CH_4 含量随 S/B 的增加而增加，所以气体热值会提高；而当 S/B > 1.43 时，CH_4 含量几乎不变，而 CO 的含量随 S/B 的增加而减少，从而导致气体热值降低。

图 5.9 显示了在 B/C = 4，T = 960 ℃ 条件下，不同 S/B 和不同时间条件下，气化炉出口处 H_2 的浓度变化情况，图 5.10 显示了在 B/C = 4，T = 960 ℃ 条件下，随着 S/B 的变化，气化炉中处不同位置 H_2 的浓度变化。由图 5.9 可知，无论是不同时间还是炉内不同位置，S/B 值的变化都对 H_2 浓度的影响较小。

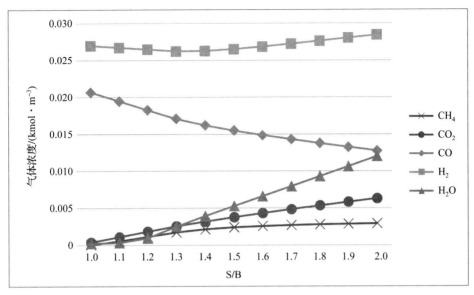

图 5.7　不同 S/B 对所产气体组分的影响（B/C = 4，T = 960 ℃）

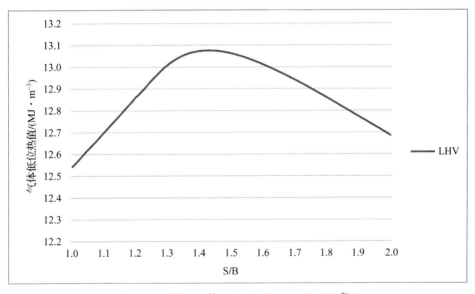

图 5.8　不同 S/B 的 LHV（B/C = 4，T = 960 ℃）

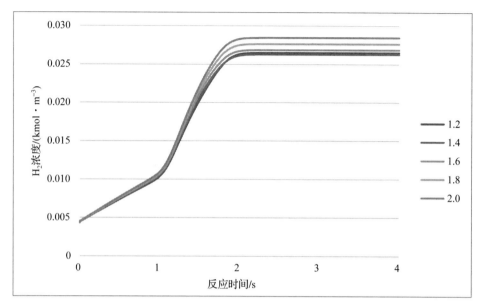

图 5.9　不同 S/B 和不同时间条件下的 H₂ 产量（B/C=4，T=960 ℃）

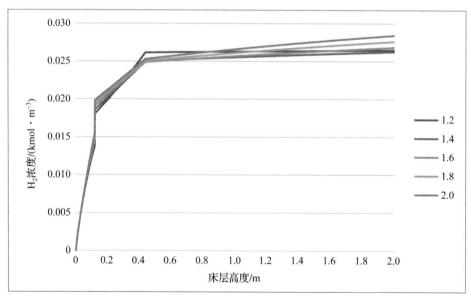

图 5.10　不同 S/B 和不同位置条件下的 H₂ 产量（B/C=4，T=960 ℃）

|5.4　B/C 对气化结果的影响|

B/C 指的是输入的生物质与煤的比值,由于本工艺的特殊性,一方面依靠生物质和焦炭进行气化,另一方面需要煤来提供相应的热量维持炉内的高温,如何充分合理地利用生物质这种可再生能源是本书研究的最根本的问题,所以需要研究 B/C 来确定利用生物质的最优方案。在本书中研究了不同B/C 下所产气体组分的变化情况、气体热值的变化情况和产氢量的变化情况等。

图 5.11 显示了在 S/B = 1.43,T = 960 ℃条件下,B/C 变化对气体产物的影响。由图可知,随着 B/C 的增加,H_2 的浓度有一定增加,其他各组分浓度变化不大。

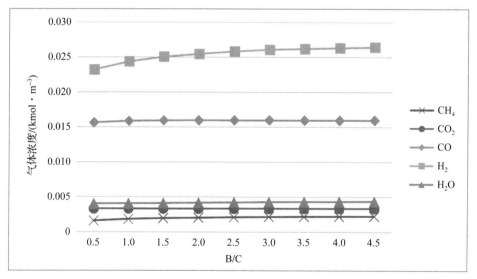

图 5.11　不同 B/C 下的气体组分 (S/B = 1.43,T = 960 ℃)

图 5.12 显示了在 S/B = 1.43,T = 960 ℃条件下,不同 B/C 和不同时间条件下,气化炉出口处的 H_2 的浓度变化情况。由图 5.12 可知,在煤气化区和稀相区,B/C 越大氢气浓度越高,在生物质气化区则是正好相反,这是由于在不同 B/C 情况下,氢气的浓度变化的时间点各不相同。例如,B/C = 0.5 的曲线,第一个变化点出现在 t = 0.446 s,说明最初进入炉内的水蒸气进行煤气化

和生物质气化的时间一共是 0.446 s，若第二个变化点出现在 1.48 s，则说明炉内的反应达到动态平衡的时间为 1.48 s，而其他曲线的时间变化点都往后推迟了，这主要是因为 B/C 的变化导致了煤层厚度和生物质层厚度产生了变化，所以相应反应的时间也产生了变化。

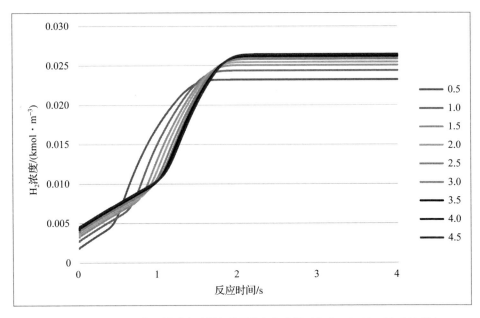

图 5.12　不同 B/C 和不同反应时间条件下的氢气产量（S/B = 1.43，T = 960 ℃）

　　图 5.13 显示了在 S/B = 1.43，T = 960 ℃ 条件下，随着 B/C 的变化，气化炉中处不同位置 H_2 的浓度变化。由图 5.13 可知，H_2 的产生主要集中在密相区，而在密相区的煤气化区的 H_2 浓度曲线的斜率要大于生物质气化区域，这说明在煤气化区的气化速度要高于生物质气化区，但这并不能说明煤的比例越多越好，相反，生物质比例提高能提高最后的 H_2 浓度，其原因，一方面，是提供更多的生物质能产生更多的热解气，热解气中含有 H_2；另一方面，同样重量的生物质有更小的堆积密度，所以生物质气化区域更高，使得焦炭有更多时间发生气化反应从而达到更好的气化效果。

　　图 5.14 显示了在 S/B = 1.43，T = 960 ℃ 条件下，B/C 变化对所产气体热值的影响。由图 5.14 可知，随着 B/C 的增大，所产气体热值也在增大，所以在气化时应尽量增大 B/C 值。根据实验实测数据，当 B/C > 4 时，供煤量过少，将导致燃烧阶段无法提供足够的热量，所以本模型认为最佳的 B/C = 4。

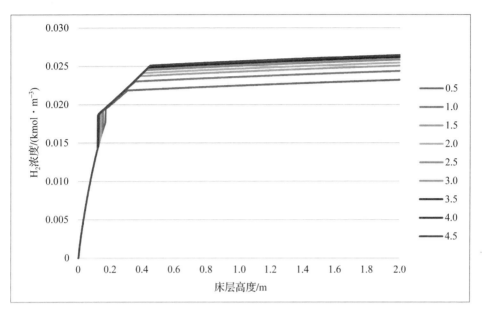

图 5.13　不同 B/C 和不同床层高度条件下的 H_2 产量（S/B = 1.43，T = 960 ℃）

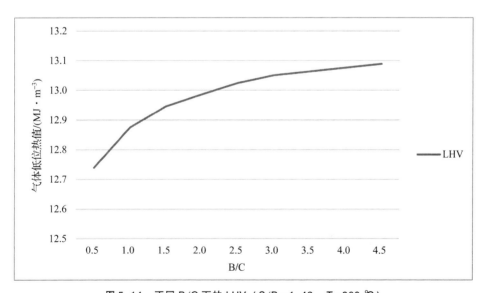

图 5.14　不同 B/C 下的 LHV（S/B = 1.43，T = 960 ℃）

|5.5 最优参数|

在不同的应用场合，对产气的成分有不同的要求。如果产气作为燃气则需要最高的气体热值，通过本书的研究可以知道，该工艺中产生最大气体热值的操作条件是：S/B = 1.43，B/C = 4，T = 960 ℃。表 5.2 中列出了具体参数。另一种情况是将产气作为化工原料需要较高的 H_2 含量时，通过上文的研究可知随着 S/B 和 B/C 的增加，产气中 H_2 浓度也会增加，结合实验结果可以取 S/B = 2，B/C = 4，在此基础上计算得到气化温度在 750 ~1 020 ℃ 内的各组分气体浓度变化情况，如图 5.15 所示，取该温度区间的上下限的原因是通过实验发现气化温度在这个温度范围外会导致结渣。由图 5.15 可知随着气化温度的增加，H_2 的浓度也是增加的，所以要得到 H_2 浓度最高的操作条件是 T = 1 020 ℃，S/B = 2，B/C = 4。图 5.16 所示为不同最佳操作条件下各气体组分随时间和床层高度的变化。

表 5.2 气化炉的最优操作条件

序号			1	2
T		℃	960	1 020
T_{Steam}		℃	350	350
S/B		—	1.43	2
B/C		—	4	4
煤气化段高度		m	0.12	0.12
生物质气化段高度		m	0.32	0.32
稀相区高度		m	1.56	1.56
煤气化区产物	H_2	kmol/m³	0.014 4	0.016 9
	CO	kmol/m³	0.012 3	0.013 4
	CO_2	kmol/m³	0.001 2	0.001 8
	CH_4	kmol/m³	0.000 2	0.000 1
	H_2O	kmol/m³	0.011 3	0.017 5

续表

序号			1	2
生物质气化区产物	H₂	kmol/m³	0.025 0	0.026 8
	CO	kmol/m³	0.017 3	0.017 7
	CO₂	kmol/m³	0.002 0	0.003 0
	CH₄	kmol/m³	0.002 2	0.002 9
	H₂O	kmol/m³	0.005 7	0.011 9
稀相区产物	H₂	kmol/m³	0.026 3	0.029 6
	CO	kmol/m³	0.016 0	0.014 9
	CO₂	kmol/m³	0.003 4	0.005 8
	CH₄	kmol/m³	0.002 2	0.002 9
	H₂O	kmol/m³	0.004 3	0.009 2
气体低位热值		MJ/m³	13.076	12.787 9

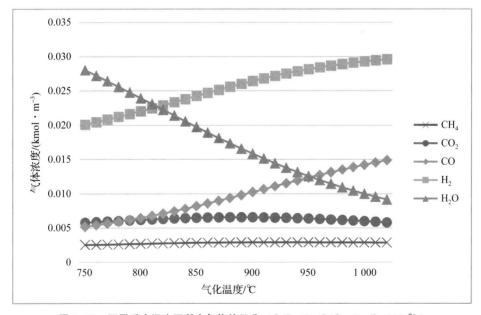

图 5.15　不同反应温度下所产气体的组分（S/B＝2，B/C＝4，T＝960 ℃）

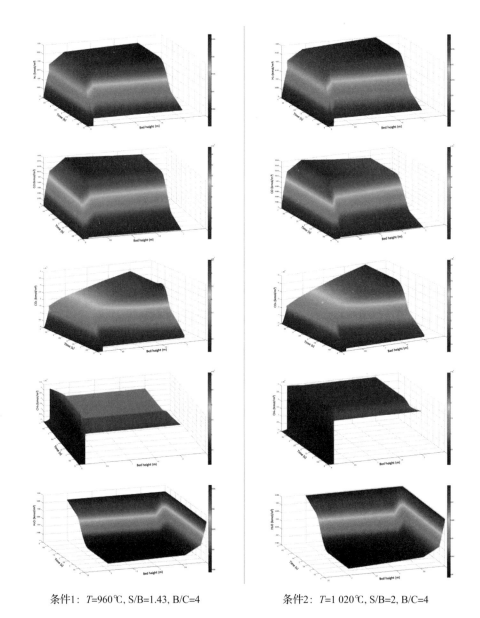

条件1：$T=960\,℃$，S/B=1.43，B/C=4   条件2：$T=1\,020\,℃$，S/B=2，B/C=4

图5.16 不同最佳操作条件下各气体组分随时间和床层高度的变化

第 6 章

结论与展望

|6.1 主要研究内容以及结论|

生物质能是可再生能源领域中资源量最大且零碳排放的一种能源，但是目前生物质的利用情况并不理想，由于技术经济原因，仍有大量生物质被露天焚烧。这种处理方式带来了严重的大气污染，研究表明生物质焚烧是产生雾霾现象的一个重要因素。研究如何清洁、高效、可持续地利用生物质能在解决能源危机、改善环境等诸多方面都具有重要的意义。本书提出的生物质与煤复合串行气化方法，为清洁、高效、可持续地利用生物质能提供了新途径。

本书介绍了生物质与煤复合串行气化系统的工艺流程，建立了该工艺的数学模型。第一个模型为面向工程应用领域的生物质与煤复合串行气化过程的热力学平衡模型，该模型预测精度较高且消耗较少计算资源。将模拟结果与实验结果相对比，验证模型的准确性后，对各操作参数对模拟结果的影响进行了分析并给出了最佳操作条件。第二个模型为面向科研、气化工艺设计领域的基于反应动力学、流体动力学和传质理论，并结合实测数据的生物质与煤复合串行气化过程的综合数学模型。建立该模型首先需要确定模型的整体框架，将需要研究的各子模型列出，包括干燥子模型、热解子模型、气化子模型、质量平衡子模型、能量平衡子模型等众多子模型，然后依据流体动力学、反应动力学、传质理论以及多区温度关联式对各子模型进行详细的研究，确定最准确的描述方法，形成一个完整的数学模型。通过模型模拟结果与实验结果相对比，验证模型的准确性，然后利用模型对生物质与煤复合串行气化过程进行详细的参数的敏感性分析，研究影响气化性能的指标参数，再给出最优的设计参数和操作条件。本书的研究内容和结论主要包括下面几个方面：

（1）本书提出了生物质与煤复合串行气化方法，在该气化方法中分为燃烧阶段和气化阶段，这两个阶段在同一炉内进行。本工艺气化工作流程如下：在燃烧阶段，空气阀和烟气阀处于开启状态，炉内通入煤，煤与空气发生燃烧反应放出热量。该阶段的目的在于提升炉内温度，当炉内温度升高到预定参数时，系统将关闭风机停止供应空气，相应阀门也会联动启闭；然后空气阀、烟气阀关闭，水蒸气阀、燃气阀打开，系统切换至气化阶段。在气化阶段，炉内通入生物质，炉底通入水蒸气，水蒸气首先与燃烧阶段未燃尽的煤焦发生气化反应，然后再与热解后的生物质焦发生气化反应，产生富含 H_2 的中热值可燃气，由于气化反应是吸热反应，因此炉温会逐步下降。当炉温达到预设值时，系统又会切换至燃烧阶段以提升炉温。如此，两个阶段往复循环制取富氢燃气就是生物质与煤复合串行气化工艺。

相对于气化技术中常见的双流化床方案，该方案有更好的运行稳定性。该工艺中气化剂采用水蒸气，相比于富氧气化技术能减少初期投资和运行成本，而且所产气体为 H_2 含量较高的中热值燃气，一方面，其产品能有效地提高燃气的热值；另一方面，也可作为合成气，在化工领域作为原料合成其他产品。该工艺可以克服生物质原料来源不稳定的问题。由于许多生物质原料存在季节性问题，而煤却不存在这方面的问题，因此当生物质原料短缺无法满足设备运行时，可以采用煤代替生物质。

（2）本书提出了双区温度关联式和多区温度关联式，分析实验测试数据得到了气化炉内不同区域温度变化规律，解决了模拟过程中使用常规的传热模型无法得到准确的气化炉温度分布的难题，而且在提高了模型模拟精度的同时，使模型得到了简化。

（3）本书建立了生物质与煤复合串行气化过程的热力学平衡模型。模型根据该工艺的特点分别设计了燃烧子模型和气化子模型，然后通过耦合形成热力学平衡模型。研究表明，模型模拟结果与实验数据总的变化趋势一致，实验值中有 N_2 和 O_2 的存在，这是由于有部分燃烧阶段的烟气掺混进入气化阶段所产生的燃气中。总的来说，该模型能很好地反映操作条件对所产气体组分的影响规律。该模型可以正确地反映炉内特性、运行工况和预测产气组分，因此在工程领域应用该模型可以快速地确定所需调节运行参数。

（4）本书建立了生物质与煤复合串行气化过程的综合数学模型。模型中考虑了炉内的流体动力学，将气化炉分为燃烧子模型和气化子模型。这两个子模型分别被划分成密相区和稀相区进行模拟，其中，气化子模型中密相区又分为煤气化子模型和生物质气化子模型。密相区采用三相鼓泡床理论，把密相区分为气泡相、气泡云相和乳化相，分别考虑了气体固体在各相之间的流动和质量交换。稀相区采用 Wen - Chen 的扬析夹带模型结合环 - 核模型进行模拟，同样也考虑了气固流动。热解模型采用得到广泛应用的 Merrick 模型进行计算。气化炉内的温度采用本书提出的多区温度模型进行计算，该模型中包括了多个基于实测参数的不同反应区间的温度关联式。利用各均相反应和非均相反应的化学反应动力方程建立了燃烧反应模型和气化反应模型，其中最关键的焦炭气化过程采用 JM 模型。最后，综合上述模型建立质量平衡子模型、能量平衡子模型完成整个数学模型的建立。通过该模型可以得到在任意气化炉运行参数下气化炉内的状态参数，包括在不同气化时间和不同气化炉高度处的各物质组分。该模型不但可以为气化炉的运行提供参考，而且也能对气化炉的优化和设计起到指导作用。

（5）本书分析了气化温度、水蒸气与生物质的比例和生物质与煤的比例三个主要影响因素对气化过程和气化结果的影响，得出的具体结论如下：

温度对气化反应速率的影响要大于反应物浓度对气化反应速率的影响，研究温度对生物质与煤复合串行气化过程的影响是十分重要的。随着温度的升高，H_2 浓度增加；CO 浓度随温度的升高而增加；CO_2 浓度随温度的升高而降低；CH_4 浓度略有下降。

在本工艺中采用水蒸气作为气化剂。S/B 是影响气化效果的一个重要参数，对气化炉性能影响很大。随着 S/B 的增加，H_2 浓度变化不大；CO 浓度降低；CO_2 和 CH_4 浓度增加，而所产富氢燃气中的蒸汽量也随着 S/B 的增加而增加。S/B 和气化温度 T 的选择应根据所产生气体的使用途径来确定，不同的用途对气体的需求不同，可能是更高的气体热值或是更高的 H_2 浓度，依此来调整气化炉的运行参数。

一方面，本工艺依靠生物质和焦炭进行气化；另一方面，需要煤来提供相应的热量维持炉内的高温，充分合理地利用生物质这种可再生能源是本书研究的最根本问题。生物质与煤的比值（B/C）也影响所产富氢燃气的组分。随着生物质比例的增加，一方面，所产气体的 H_2 浓度可以增加；另一方面，也提高了生物质处理能力，因此，应在生物质和煤复合串行气化工艺中尽可能提高 B/C 值。

|6.2　创新点|

（1）提出了生物质与煤复合串行气化方法。相比于其他气化方法，该方法有运行稳定性高、初期投资和运行成本低、产气热值高以及能克服生物质原材料产量不稳定等诸多问题。

（2）提出了煤气化区与生物质气化区的双区温度关联式，并建立了生物质与煤复合串行气化过程的热力学平衡模型。通过双区温度关联式计算炉内不同区域温度可提高模型模拟的准确性。在热力学平衡模型中将依据实际的气化过程，首次在同一气化炉内发生的不同反应分成不同的阶段进行模拟，并分别用模型对这些不同阶段进行描述，最终得到适用于工程领域，能对该气化产物进行准确、快捷预测的热力学平衡模型。

（3）建立了基于多区温度关联式的生物质与煤复合串行气化过程的综合数学模型，该模型中包括了大量子模型。其中密相区采用的是三相模型模拟，稀相区采用了 Wen – Chen 的扬析夹带模型结合环 – 核模型模拟，热解过程采用 Merrick 的模型模拟，焦炭气化过程采用 JM 模型模拟，炉内温度采用本书所提出的多区温度关联式模拟。这些模型是本书通过大量研究得到的最适合该工艺的模拟方法，通过这些子模型耦合形成的综合数学模型能够对该气化过程进行准确的模拟，并为气化机理的研究、气化工艺的设计、运行和优化奠定理论基础。

|6.3　工作展望|

本书所做的研究为该气化方法的发展打下了基础，但由于时间有限，模型模拟的数据与实验数据吻合度有待进一步提高，同时，模型的具体效果需要实践来进一步验证。今后的工作中，以下几方面有待提高：

（1）本书建模过程中，无论是热力学平衡模型还是综合数学模型，都用到了很多简化、假设以及前人所提出的方法，虽然这些简化、假设和方法都是在尽可能与现实接近的情况下做出的，或是针对某种具体的炉型提出的，在不同炉型中其通用性有待进一步验证，但这些不确定性会影响模型模拟结果的准

确度，所以对于本书所研究的模型需要进一步完善，以提高预测的精度。

（2）气化剂在气化炉中与固定碳和碳氢化合物反应，将其转化为低分子量的气体，如 CO 和 H_2。用于气化的主要气化剂有 O_2、水蒸气、空气等。

O_2 是一种常见的气化介质，它可以以纯氧的形式或通过空气供应给气化炉。在气化炉中所产生的气体热值与其所使用的气化剂的性质和数量有密切的关系。

生物质的 C－H－O 三元图（图6.1）能够清晰地表示生物质的气化过程。三角形的三个角代表 C、O_2 和 H_2。三角形内的点表示这三种物质的三元混合物。与具有纯组分（C，O_2 或 H_2）的角相对的一侧表示该组分的浓度为零。例如，图 6.1 中与氢角相对的三角形底边表示 H_2 浓度为零，即碳和氧的二元混合物。与煤相比，生物质燃料更靠近 H_2 和 O_2 的角，这意味着生物质比煤含有更多的 H_2 和 O_2。在生物质中，与纤维素和半纤维素相比，木质素通常含有较低的 O_2 和较高的 C。泥炭位于生物质区域，但朝向碳角。这意味着它就像高碳生物质。如前所述，三元图可以描述转换过程。例如，碳化或缓慢的热解通过形成固体碳将产物移向碳。快速热解将其移向 H_2，而远离 O_2，这意味着液体产物更高。O_2 气化将气体产物移向氧角，而蒸汽气化则使该过程远离碳角。氢化过程增加了 H_2 的浓度，因此使产物向氢角移动。

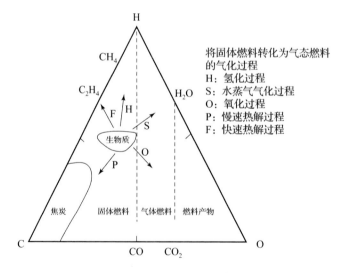

图6.1 生物质的 C－H－O 三元图表示的气化过程

如果将 O_2 用作气化剂，则转化路径向氧角移动。其产品包括低氧含量的 CO 和高氧含量的 CO_2。当 O_2 超过一定量时，该过程将从气化转变为燃烧，并且产物为烟气而不是燃气，烟气中不包含剩余热值。在气化过程中朝三元图的氧角移动（图 6.1）会导致 H_2 含量低，并且产物气中的碳基化合物（如 CO 和 CO_2）将会增加。

蒸汽用作气化剂，则该过程将向上移至图 6.1 中的氢角，产物气体中每单位 C 将包含更多的 H_2，将会出现更高的 H/C 比。

气化剂的选择也会影响产物气的热值。例如，如果使用空气代替 O_2，则其中的 NO_2 会稀释所产气体的有热值成分，从而降低产品气的热值。在不同的气化中，O_2 气化的热值最高，其次是水蒸气气化和空气气化。空气作为气化介质，主要由于 NO_2 的稀释作用，导致产成气中的热值最低。

本书中只研究了以水蒸气作为气化剂，空气作为助燃剂的间歇气化过程，以后工作中应当完善其他气化剂和助燃剂在该工艺上的应用研究，以拓展该工艺的应用领域。

（3）在生物质的热化学转化中使用催化剂可能不是必需的，但在以下两种情况下可以提高气化反应的质量：①从产品气中去除焦油，尤其是在下游应用或安装设备时认为必须去除焦油的情况下；②降低产品气中的 CH_4 含量，尤其是合成气是用作化工原料时。

焦油重整的需求推动了催化气化的发展。当产物气体通过催化剂颗粒时，焦油或可凝的烃类物质可以用蒸汽或 CO_2 在催化剂表面重整，从而产生额外的 H_2 和 CO。反应可以表示为以下简单形式：

蒸汽重整反应（6.1）：

$$C_nH_m + nH_2O \xrightarrow{\text{催化剂}} \left(n + \frac{m}{2}\right)H_2 + nCO \qquad (6.1)$$

CO_2 重整反应（6.2）：

$$C_nH_m + nCO_2 \xrightarrow{\text{催化剂}} \left(\frac{m}{2}\right)H_2 + 2nCO \qquad (6.2)$$

由反应（6.1）可知，通过催化焦油重整反应可以获得更多的燃料气体，而不是焦油或飞灰。气体产率和产物气体的热值均得到改善。去除焦油的另一种方法是热裂解，但它需要在高温（约 1 100 ℃）下才能发生，并产生烟气和飞灰，因此，热裂解无法利用焦油中的能量，相对而言，催化重整是去除焦油的最佳方式。

在第二种情况下，需要催化气化从产物气中除去 CH_4。为此，可以使用 CH_4 的催化蒸汽重整或催化 CO_2 重整反应。重整反应对于合成气的生产非常重要，对于化工原料定位的合成气中往往不能含有 CH_4，并且需要产品气中的 CO 和 H_2 的比例精确。在蒸汽重整反应中，甲烷在金属基催化剂存在下与 700 ~ 1 100 ℃温度下的蒸汽发生反应（6.3），将其重整为 CO 和 H_2：

$$CH_4 + H_2O \xrightarrow{\text{催化剂}} CO + 3H_2 + 206 \text{ kJ/mol} \qquad (6.3)$$

该反应被广泛用于甲烷制氢，镍基催化剂对此非常有效。

甲烷的 CO_2 重整反应（6.4）在工业应用上不像蒸汽重整那样广泛使用，但是它具有一个非常重要的特点，那就是在同一反应中可以减少两种温室气体（CO_2 和 CH_4）。

$$CH_4 + CO_2 \xrightarrow{\text{催化剂}} 2CO + 2H_2 + 247 \text{ kJ/mol} \qquad (6.4)$$

选择重整反应的催化剂时要考虑到它们的目的和实际用途。去除焦油的一些重要催化剂选择标准如下：催化剂的效率、催化剂的抗积炭和烧结失活能力、催化剂的再生能力、催化剂的硬度及耐磨性和催化剂的价格。

在去除甲烷时，选择催化剂除了满足上述标准外，还应满足以下条件：CH_4 的重整能力和可以产生合成气工艺所需的 CO 与 H_2 的比值。

催化剂既可以在气化之前将其浸渍在生物质中，也可以像流化床一样直接添加到反应器中，这样应用催化剂后可以有效地减少焦油的产生。也可以将催化剂置于气化炉下游的二级反应器中，以重整焦油和 CH_4。这种在二级反应器进行催化重整的反应方式具有可独立控制反应温度的优点，可以保证重整反应在最佳温度条件下进行。

生物质气化中的催化剂分为三类：

第一类为稀土催化剂：白云石（$CaMg[CO_3]_2$）对焦油处理非常有效，而且价格便宜且可广泛获得，从而消除了催化剂再生的需要。将其与生物质混合可以用作主催化剂，也可以在二级的重整反应器中用作辅助催化剂。经过煅烧的白云石比未加工的白云石催化效果更好，但是，这两者都对甲烷重整反应的催化作用不明显。其主要作用是对 CO_2 进行重整，而且对 CO_2 重整反应的速率比蒸汽高。

第二类为碱金属催化剂：在生物质气化中 K_2CO_3 和 Na_2CO_3 作为主要催化剂是很重要的，而且 K_2CO_3 比 Na_2CO_3 的催化效果更好。与白云石不同，它们可以通过重整反应还原产物气中的 CH_4。许多生物质类型的灰分中都含有 K 元素，因此它们可以通过 K 的催化作用，减少焦油的产生，但是，由于 K 在流化床中会发生团聚，因此会抵消其催化作用。

第三类为镍基催化剂：镍作为重整催化剂非常有效，可用于减少焦油以及通过甲烷转化来调节 CO/H_2 比。镍基催化剂通常不直接使用在气化炉中，通常在 780 ℃ 的二级重整反应器中使用时，它的性能最佳。碳沉积物会使得使镍基催化剂失活，这是这一类催化剂的主要问题。

本书所建模型中并没有涉及催化剂，在以后完善气化模型过程中，应将催化剂加入模型中，基于前人的研究成果，重点研究催化剂在本书所涉及的生物质与煤复合串行气化工艺中的作用机理以及使用催化剂的最佳方案。

（4）气化过程中污染物的产生是不可避免的，特别是焦油的产生一直是气化工艺中必须重点考虑去除的污染物。它不仅污染环境，而且可能导致设备堵塞而无法稳定运行，目前常见的处理焦油的方式有两类，一类是物理去除法，另一类是焦油裂解法。

物理去除法。这种方法类似于从气体中清除灰尘颗粒。它要求焦油在分离前先冷凝。用这种方法除去的焦油通常在 20%～97% 之间变化。焦油的能量在此过程中将会损失，因此焦油会以雾状或液滴形式残留在气体中的悬浮颗粒上。物理去除焦油的设备主要包括旋风除尘器、隔栅型过滤器、湿式静电除尘器（ESP）、湿式洗涤器等。

旋风除尘器的黏性不强，对于直径小于 1 μm 的较小的焦油颗粒，旋风分离器不是很有效，但旋风除尘器对于从产物气体中除去其他固体颗粒是很有效的。

隔栅型过滤器以建立物理屏障方式保证气体通过的同时，阻止焦油和其他固体颗粒的通过。隔栅型过滤器的特殊特征之一是其表面上涂覆适当的催化剂以促进焦油催化裂化。通常这种过滤器有两种类型：管式过滤器和布袋除尘器。

管式过滤器是由多孔材料制作而成，可以是陶瓷或金属材质的。管式过滤器的材料主要在于其孔隙率，要保证所有的焦油和固体颗粒不能通过。不能通过过滤器的颗粒会沉积在过滤器壁面上，形成称为"沉淀层"的固体多孔层。沉淀层的主要问题是随着沉淀层厚度的增加，穿过沉淀层的阻力会增加，因此，必须定期对其进行清除。常用的去除方法是用相反方向的压力脉冲对其进行冲击，比如使用压缩空气进行吹扫。

除了有沉淀层会产生较大的阻力外，这类过滤器还存在以下问题：如果过滤器破裂，那么灰尘和焦油气体会从该位置进入下游设备，并产生不利影响。另外，焦油还会在过滤器上冷凝并阻塞过滤器，因此，为了解决这个问题，陶瓷过滤器往往设计在高达 800～900 ℃ 的温度条件下运行。

与管式过滤器中的多孔材料不同，布袋除尘器的材料是由机织织物制成的。与管式过滤器不同，布袋除尘器只能在较低温度（350 ℃）下运行。此处，沉淀层可通过使用压缩空气进行反冲洗或通过震动来除去。如果气体被过度冷却，那么焦油将在织物上冷凝。这是布袋除尘器应用中的难题。为解决这一问题，目前常使用带有预涂层的布袋除尘器，将其与形成在过滤器上的沉淀层一起去除。这样的预涂层可以有效地从产物气体中去除不需要的物质。

也有的气化设备使用湿式静电除尘器（ESP），气体从强电场通过，高压电场使固体和液体颗粒带电，当可燃气通过一个包含阳极板或阳极电位为30～75 kV的设备时，可燃气中的固体颗粒会吸收电荷，并被下游的带正电的阴极集电板收集。尽管湿式静电除尘器的收集效率不会随着颗粒堆积在反应器上而降低，但是需要定期清洁电极板，以防止气流阻碍或电极通过堆积的灰分而短路。

湿式静电除尘器中所收集的固体颗粒一般通过机械方式进行清除，但是如焦油这样的高黏性物质需要通过水薄膜进行清除。湿式静电除尘器在低至约0.5 μm的粒径范围内具有很高的收集效率（大于90%），并且阻力非常低，但是静电除尘器在使用时需要考虑由于高压引起的火灾风险，因此，湿式静电除尘器由于低阻力而降低风机功率所节省的费用会被较高的安全成本所抵消。

湿式洗涤塔是另一种除焦油方式。它将水或适当的洗涤液喷洒到气体上，此时固体颗粒和焦油液滴将与液滴碰撞，聚结而形成较大的液滴，这样的较大液滴很容易通过旋风分离器与气体分离。在洗涤之前，需要将气体冷却至低于100 ℃。

湿式洗涤塔的收集效率很高（大于90%），但如果固体颗粒在1 μm以下，其净化效率会急剧下降。由于洗涤塔上的压降大，需要选用较大功率的风机。

带有除焦油洗涤塔的系统产生净化气体的出口温度较低，其中剩余的焦油更难去除。这是因为有焦油聚集现象发生，形成了"焦油球"，焦油球属于长链碳氢化合物，这些焦油球具有团聚和黏结趋势，在焦油冷凝的初期可能会堵塞设备管道。

除了焦油问题，与化石燃料相比，生物质富含碱金属盐，这些碱金属盐通常在较高的气化炉温度下蒸发，但在600 ℃以下冷凝。由于碱金属盐的缩合会引起严重的腐蚀问题，因此应尽可能去除气体中的碱金属。如果可以将气体冷却到600 ℃以下，那么碱金属会凝结成细小的固体颗粒（小于0.5 μm），可以在旋风分离器、ESP或其他过滤器中将其捕获。

去除焦油以及其他固体颗粒除了使用物理方法外，另一种方法是将大分子焦油分解成较小分子的气体。例如，H_2或CO，因此，焦油的大部分能量可以通过形成的小分子回收。此过程涉及将焦油加热至高温（约1 200 ℃）或将其暴露于较低温度（约800 ℃）的催化剂中。焦油裂解有热裂解和催化裂解两种方式。下面分别对其进行介绍。

热裂解是指在高温下（约1 200 ℃）不需要催化剂，焦油即可进行裂解。温度要求取决于焦油的成分。例如，氧化焦油可能会在900 ℃左右裂解，可以添加氧气或空气以使部分燃烧。使用电弧等离子体也可以对生物质焦油进行热裂解，但焦油通过该工艺所产生的气体热值较低。

焦油催化裂化工艺已在许多工程实践中得以应用。常见的催化剂在上文中已介绍，具体这些催化剂在焦油裂解方面的作用如下：

非金属催化剂包括廉价的一次性催化剂：白云石、沸石、方解石等。它们可用作流化床中的床料，含有焦油的气体在 750～900 ℃ 的温度下与催化剂发生催化裂化反应。

金属催化剂包括负载于 SiO_2、Al_2O_3 和沸石等载体上的 Ni、Ni/Mo、Ni/Co/Mo、NiO、Pt 和 Ru 等材料。Ni/Co/Mo 的混合物可将 NH_3 与焦油一起转化。这些催化剂在焦油裂解期间会失活，因此需要重新活化。

本工艺采用间歇气化的方式，燃烧阶段会产生以 NO_x 为主的污染物，在生物质气化阶段，一般都会有焦油的产生，虽然本工艺气化温度较高，能分解焦油分子，实践也证明了焦油的产生量较小，但仍是不可避免的。本工艺如果要进行大规模工业化应用，那么其污染产生的机理和污染物产量的预测以及处理措施等问题都必须得到解决，这也是下一步工作的重点。

（5）前文所述的工作展望实际上都离不开更完善的实验研究，所有的研究成果都必须通过实践的证明，所以在进行上述研究时必须同时进行相应的实验研究，以证明研究工作的可靠性。

参考文献

［1］国家统计局. 中国统计年鉴 ［M］. 北京：中国统计出版社，2017.

［2］国家统计局. 中国能源统计年鉴 ［M］. 北京：中国统计出版社，2017.

［3］国家统计局. 中国环境统计年鉴 ［M］. 北京：中国统计出版社，2017.

［4］Mao G，Huang N，Chen L，et al. Research on biomass energy and environment from the past to the future：A bibliometric analysis ［J］. Sci Total Environ，2018，635：1081 – 1090.

［5］刘飞翔. 生物质能产业发展中政府规制与激励 ［D］. 福州：福建农林大学，2010.

［6］ Renewable Capacity Statistics ［M］. International Renewable Energy Agency（IRENA），Abu Dhabi，2017.

［7］Zhang W，Wang C，Zhang L，et al. Evaluation of the performance of distributed and centralized biomass technologies in rural China ［J］. Renewable Energy，2018，125：445 – 455.

［8］Chen J，Li C，Ristovski Z，et al. A review of biomass burning：Emissions and impacts on air quality，health and climate in China ［J］. Science of the Total Environment，2017，579：1000 – 1034.

［9］Li X，Chen M，Le H P，et al. Atmospheric outflow of PM2. 5 saccharides from megacity Shanghai to East China Sea：Impact of biological and biomass burning sources ［J］. Atmospheric Environment，2016，143：1 – 14.

［10］于树峰. 生物质能的开发与利用 ［M］. 北京：化学工业出版社，2008.

［11］ Basu P. Biomass Gasification, Pyrolysis and Torrefaction (Second Edition)
［M］. Academic Press, 2013.

［12］ Arregi A, Amutio M, Lopez G, et al. Evaluation of thermochemical routes for
hydrogen production from biomass: A review ［J］. Energy Conversion and
Management, 2018, 165: 696 – 719.

［13］ Olaleye A K, Adedayo K J, Wu C, et al. Experimental study, dynamic
modelling, validation and analysis of hydrogen production from biomass
pyrolysis/gasification of biomass in a two – stage fixed bed reaction system ［J］.
Fuel, 2014, 137: 364 – 374.

［14］ Barman N S, Ghosh S, De S. Gasification of biomass in a fixed bed downdraft
gasifier – a realistic model including tar ［J］. Bioresource Technology, 2012,
107: 505 – 511.

［15］ Simone M, Barontini F, Nicolella C, et al. Gasification of pelletized biomass
in a pilot scale downdraft gasifier ［J］. Bioresource Technology, 2012, 116:
403 – 412.

［16］ Chaurasia A. Modeling, simulation and optimization of downdraft gasifier:
Studies on chemical kinetics and operating conditions on the performance of the
biomass gasification process ［J］. Energy, 2016, 116: 1065 – 1076.

［17］ Rakesh N, Dasappa S. Analysis of tar obtained from hydrogen – rich syngas
generated from a fixed bed downdraft biomass gasification system ［J］. Energy
Conversion and Management, 2018, 167: 134 – 146.

［18］ Khan A A, De Jong W, Jansens P J, et al. Biomass combustion in fluidized
bed boilers: Potential problems and remedies ［J］. Fuel Processing Technology,
2009, 90 (1): 21 – 50.

［19］ Duan F, Chyang C S, Lin C W, et al. Experimental study on rice husk
combustion in a vortexing fluidized – bed with flue gas recirculation (FGR)
［J］. Bioresource Technology, 2013, 134: 204 – 211.

［20］ Kraft S, Kuba M, Hofbauer H. The behavior of biomass and char particles in a
dual fluidized bed gasification system ［J］. Powder Technology, 2018, 338:
887 – 897.

［21］ Ni M, Leung D Y C, Leung M K H, et al. An overview of hydrogen production
from biomass ［J］. Fuel Processing Technology, 2006, 87 (5): 461 – 472.

［22］ Lapuerta M, Hernández J J, Pazo A, et al. Gasification and co – gasification
of biomass wastes: Effect of the biomass origin and the gasifier operating

conditions [J]. Fuel Processing Technology, 2008, 89 (9): 828 – 837.

[23] Gómez – Barea A, Leckner B. Modeling of biomass gasification in fluidized bed [J]. Progress in Energy and Combustion Science, 2010, 36 (4): 444 – 509.

[24] Miao Q, Zhu J, Barghi S, et al. Modeling biomass gasification in circulating fluidized beds [J]. Renewable Energy, 2013, 50: 655 – 661.

[25] Kramb J, Konttinen J, Gómez – Barea A, et al. Modeling biomass char gasification kinetics for improving prediction of carbon conversion in a fluidized bed gasifier [J]. Fuel, 2014, 132: 107 – 115.

[26] Jin X, Lu J, Yang H, et al. Comprehensive mathematical model for coal combustion in a circulating fluidized bed combustor [J]. Journal of Tsinghua University (Science and Technology), 2001, 6 (4): 319 – 325.

[27] Kaushal P, Abedi J, Mahinpey N. A comprehensive mathematical model for biomass gasification in a bubbling fluidized bed reactor [J]. Fuel, 2010, 89 (12): 3650 – 3661.

[28] Duman G, Uddin M A, Yanik J. The effect of char properties on gasification reactivity [J]. Fuel Processing Technology, 2014, 118: 75 – 81.

[29] Giltrap D L, Mckibbin R, Barnes G R G. A steady state model of gas – char reactions in a downdraft biomass gasifier [J]. Solar Energy, 2003, 74 (1): 85 – 91.

[30] Shabbar S, Janajreh I. Thermodynamic equilibrium analysis of coal gasification using Gibbs energy minimization method [J]. Energy Conversion and Management, 2013, 65: 755 – 763.

[31] Gungor A. Modeling the effects of the operational parameters on H_2 composition in a biomass fluidized bed gasifier [J]. International Journal of Hydrogen Energy, 2011, 36 (11): 6592 – 6600.

[32] Doherty W, Reynolds A, Kennedy D. The effect of air preheating in a biomass CFB gasifier using ASPEN Plus simulation [J]. Biomass and Bioenergy, 2009, 33 (9): 1158 – 1167.

[33] Kaushal P, Proell T, Hofbauer H. Application of a detailed mathematical model to the gasifier unit of the dual fluidized bed gasification plant [J]. Biomass and Bioenergy, 2011, 35 (7): 2491 – 2498.

[34] Loha C, Chatterjee P K, Chattopadhyay H. Performance of fluidized bed steam gasification of biomass – Modeling and experiment [J]. Energy Conversion and Management, 2011, 52 (3): 1583 – 1588.

[35] Xie J, Zhong W, Jin B, et al. Simulation on gasification of forestry residues in fluidized beds by Eulerian – Lagrangian approach [J]. Bioresource Technology, 2012, 121: 36 – 46.

[36] Nguyen T D B, Ngo S I, Lim Y I, et al. Three – stage steady – state model for biomass gasification in a dual circulating fluidized – bed [J]. Energy Conversion and Management, 2012, 54 (1): 100 – 112.

[37] Ranzi E, Dente M, Goldaniga A, et al. Lumping procedures in detailed kinetic modeling of gasification, pyrolysis, partial oxidation and combustion of hydrocarbon mixtures [J]. Progress in Energy and Combustion Science, 2001, 27 (1): 99 – 139.

[38] 李大中, 王红梅, 韩璞. 流化床生物质气化动力学模型建立 [J]. 华北电力大学学报, 2008, 35 (1): 4 – 8.

[39] 诸林, 范峻铭, 张政, 等. 双流化床生物质气化动力学建模与分析 [J]. 过程工程学报, 2013, 13 (5): 836 – 840.

[40] 吴远谋. 生物质气流床气化的动力学模拟研究 [D]. 杭州: 浙江大学, 2012.

[41] 郭斯茂, 郭烈锦, 聂立, 等. 超临界水流化床内煤气化过程建模与仿真 (2): 气化反应动力学模型及气化规律 [J]. 工程热物理学报, 2014, 35 (12): 2429 – 2432.

[42] Nikoo M B, Mahinpey N. Simulation of biomass gasification in fluidized bed reactor using ASPEN PLUS [J]. Biomass and Bioenergy, 2008, 32 (12): 1245 – 1254.

[43] Zheng H, Vance M R. An unsteady – state two – phase kinetic model for corn stover fluidized bed steam gasification process [J]. Fuel Processing Technology, 2014, 124: 11 – 20.

[44] Gordillo E D, Belghit A. A two phase model of high temperature steam – only gasification of biomass char in bubbling fluidized bed reactors using nuclear heat [J]. International Journal of Hydrogen Energy, 2011, 36 (1): 374 – 381.

[45] Xiang X, Gong G, Shen Y, et al. A comprehensive mathematical model of a serial composite process for biomass and coal Co – gasification [J]. International Journal of Hydrogen Energy, 2019, 44 (5): 2603 – 2619.

[46] Xiang X, Gong G, Shi Y, et al. Thermodynamic modeling and analysis of a serial composite process for biomass and coal co – gasification [J]. Renewable and Sustainable Energy Reviews, 2018, 82: 2768 – 2778.

［47］ 向夏楠 . 醋糟流化床气化制取富氢燃气的初步研究 ［D］. 镇江：江苏大学，2010.

［48］ 向夏楠，顿玉环，李伟振，等 . 稻壳与木屑气化制取富氢燃气的实验研究 ［J］. 可再生能源，2010，28（2）：26－29.

［49］ 李伟振 . 生物质流化床气化制取富氢燃气实验系统设计与实验结果 ［D］. 镇江：江苏大学，2009.

［50］ Higman C，Burgt M V D. Gasification（Second Edition）［M］. Gulf Professional Publishing：Elsevier，2008.

［51］ Sherif S，Goswami D Y，Stefanakos E，et al. Handbook of hydrogen energy ［M］. CRC Press，2014.

［52］ 朱赟 . 气流床煤气化模拟中反应动力学参数的优化研究 ［D］. 哈尔滨：哈尔滨工业大学，2013.

［53］ Merrick D. Mathematical models of the thermal decomposition of coal：1. The evolution of volatile matter ［J］. Fuel，1983，62（5）：534－539.

［54］ Tinaut F V，Melgar A，Pérez J F，et al. Effect of biomass particle size and air superficial velocity on the gasification process in a downdraft fixed bed gasifier. An experimental and modelling study ［J］. Fuel Processing Technology，2008，89（11）：1076－1089.

［55］ Basu P. Combustion and gasification in fluidized beds ［M］. Taylor & Francis Group，LLC，2013.

［56］ 周密 . 生物质在流化床气化炉内定向转化过程的模型模拟研究 ［D］. 合肥：中国科学技术大学，2006.

［57］ Wen C Y，Chen L H. Fluidized bed freeboard phenomena：Entrainment and elutriation ［J］. Aiche Journal，1982，28（1）：117－128.

［58］ 金涌 . 流态化工程原理 ［M］. 北京：清华大学出版社，2002.

［59］ Yang W C，Chitester D C，Kornosky R M，et al. A generalized methodology for estimating minimum fluidization velocity at elevated pressure and temperature ［J］. Aiche Journal，2010，31（7）：1086－1092.

［60］ 陆杨 . 粉煤循环流化床富氧气化数值模拟研究 ［D］. 南京：东南大学，2014.

［61］ 刘慧敏 . 增压富氧流化床燃烧下 NO_x 的生成模型 ［D］. 保定：华北电力大学，2014.

［62］ 朱锡锋 . 生物质热解原理与技术 ［M］. 北京：科学出版社，2014.

［63］ Bhatia S K ，Perlmutter D D. A random pore model for fluid solid reactions：

II. Diffusion and transport effects ［J］. Aiche Journal, 2010, 27 （2）: 247 - 254.

［64］ Zhang Y, Ashizawa M, Kajitani S, et al. Proposal of a semi - empirical kinetic model to reconcile with gasification reactivity profiles of biomass chars ［J］. Fuel, 2008, 87 （4）: 475 - 481.

［65］ 刘亚妮. 循环流化床锅炉数学模型及数值模拟研究 ［D］. 武汉: 武汉大学, 2005.